ゾウがいた、
ワニもいた琵琶湖のほとり

高橋啓一

もくじ

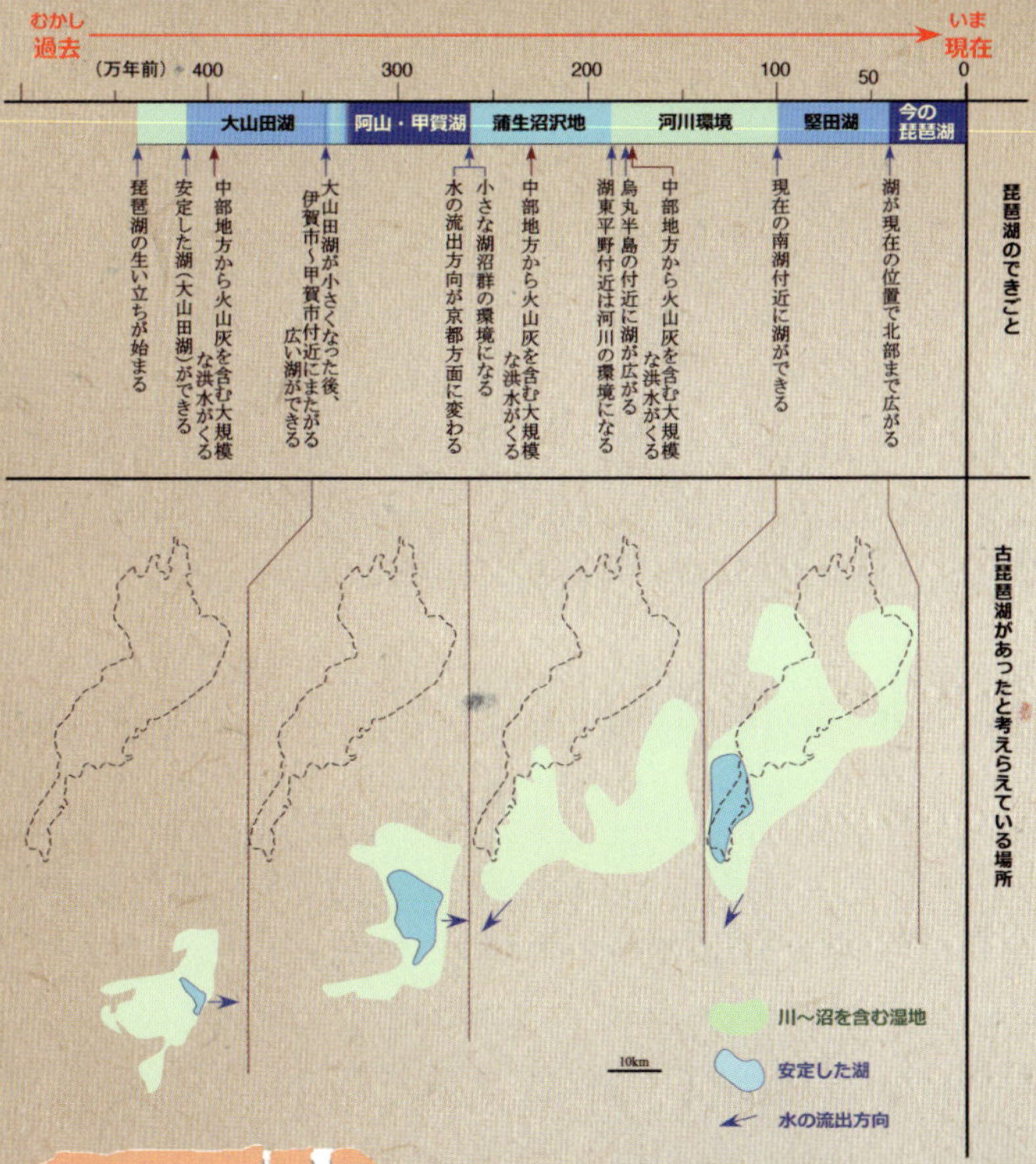

琵琶湖のおいたち年表

（里口保文編、2015「滋賀県立琵琶湖博物館第 23 回企画展示図録」より引用）

古琵琶湖層群の分布図

（URBAN KUBOTA No.37 の図を簡略化）

プロローグ

東の地平線が白み始めた。今まで、あたり一帯を覆っていた緊張が解き放たれたかのように、森のあちらこちらから急に甲高い鳥の声が聞こえ始めた。すぐそばにある湖は、輝きはじめた空の色を映して、赤味を増していく。

その湖の岸近くで、湖面を波立てながら大きな影がゆっくりと動いている。徐々に増す空の明るさの中で、その影が人の背丈の2倍ほどもあるワニであることがわかった。このワニは水中の魚を狙っていたようだが、何かの気配を感じたのか深みの方に悠々と消えていった。

かわって近くの森の奥から現れたのは10頭ばかりのゾウの群れであった。ゾウたちは、針葉樹と落葉樹が混じってはえている森を抜けると、その前に広がる草はらを横切り、湖のほとりに向かってゆっくりと歩いてきた。先頭の1頭は、老練な大きなメスゾウで、肩の高さは優に3・5mはある。牙の長さも3m近くはあるだろう。その牙は奇妙なことに、左右ともに外側にねじれており、先にいくほど二本の牙の幅が開いていた。

先頭にいたゾウは、いったん立ち止まると大きな耳を使ってかすかな音も聞き逃さないように周囲に注意を払った。そんなに注意深い行動をとったのは、群れの中に生まれて1歳ほどのゾウを含め数頭の子ゾウがいたからだ。無邪気な子ゾウたちとは対照的に、彼らを取り囲むようにしている若いメスのゾウたちは耳を大きく広げ、警戒していた。しばらく様子をうかがっていた先頭のゾウは、特に危険がないと判断したのか再び動きだすと、他のゾウたちもそれに続いていっせいに動き出した。ゾウの集団は少し広がりながら水辺に近寄ると、思い思いにその長い鼻を使って水を飲み始めた。

このゾウたちがなんという種類なのか、ここには知る者がいない。なぜなら、ここにはまだ人間が誰ひとりいないからだ。動物の名前は人間が勝手につけたものだ。このゾウたちは、まさか360万年も後になってから自分たちにミエゾウという名前がつけられることや、目の前の湖が誕生期の琵琶湖であることなどは、知るよしもなかった。彼らは、ただノドの渇きを潤《うるお》すために無心に湖の水を飲み続けた。

01

地層にのこる湖

360万年前にゾウが水を飲んだ湖は、今でも見ることができる。ただし、それは水を満々とたたえた湖ではなく、地層に残された湖の堆積物としてだ。

三重県伊賀市の東部には、2004年の市町村合併前まで大山田村《おおやまだ》があった。このあたり一帯には、およそ440万年前から340万年前の時代の地層が広がっている。しかし、その地層の上には家や田んぼなどがあるためにふだんそれを目にすることは少ない。地質を研究する人たちは、このあたりの地層を「古琵琶湖層群上野層《こびわ》」と呼んでいる。そして、この周辺に当時あった誕生期の湖を「大山田湖」と呼ぶこともある。琵琶湖は、この場所から長い年月を経てその水域を北に移動して、現在の位置に至った。

上野層は、工事などで削られた崖面《がいめん》などでもときおり見ることができるが、この地域を流れる服部川《はっとり》の河原では絶えず見ることできる。それは、川が上野層まで削り込んでいるからだ。この地層の様子や中に含まれている化石を調べることで、太古の湖のことやその時代にどのような動植物が生きていたのかを知ることができる。さあ、河原に降りてみよう。

川幅のあまり広くないその河原には一面に灰色の泥が広がっている。この河原は、平坦な乾いた場所を歩く時には問題ないが、濡れているところでは想像以上に泥の表面が滑るので十分注意して歩かないと足をとられて転んでしまう。

第1章　ミエゾウの時代

調査には、ピッケルのような形をした先の尖《とが》った道具が必需品となる。340万年以上も前に堆積した泥は、長い時間を経るうちに固くはなっているが、その道具を使えば掘れない固さではない。そうした道具で時々泥をたたきながら河原を注意深く観察していくと、やがて1～2㎝ほどの白いものが河原の泥の中に埋まっているのに目がとまった。あたりを見渡すと、同じようなものが無数に見られる。さらに目を近づけてよく見てみると、それは殻《から》がらせん状に巻いた巻貝の化石のようだ。殻の表面は風化して白くなっているが、およそ360万年前の湖に生きていたタニシである。このタニシは、このあたりの地名にちなんでイガタニシと呼ばれている。タニシ以外にも、周囲にはときより淡水にすむ二枚貝のイシガイやドブガイの仲間も見られるが、その数はタニシのように多くはない。

適当な場所で腰をおろしてしばらく掘ってみることにする。ピッケルのような道具で地層を一定の大きさに割っては、割れた面に何か化石がついていないか手にとって観察していく。こうした事を何度か繰り返していた時、泥の表面に1㎝弱の黒い豆つぶの様なものが目に飛び込んできた。それは、ガラスのような強い光沢を放っている。咽頭歯《いんとうし》だ！　咽頭歯はある種の魚で見られるノド（咽頭）にある歯である。コイやフナの仲間では咽頭歯が発達していて、化石としてよく発見される。種類ごとに形が違っているので、当時、どのような魚がいたのかを考えるときに頼りになる化石である。今しがた発見した咽頭歯は丸い形をしており、コイの咽頭歯の中でA1歯と呼ばれているものである。その大きさを現在生きているコイのものと比較すると、体長1ｍを超える大きさがあったことは間違いないようだ。

伊賀市（旧大山田村）を流れる服部川

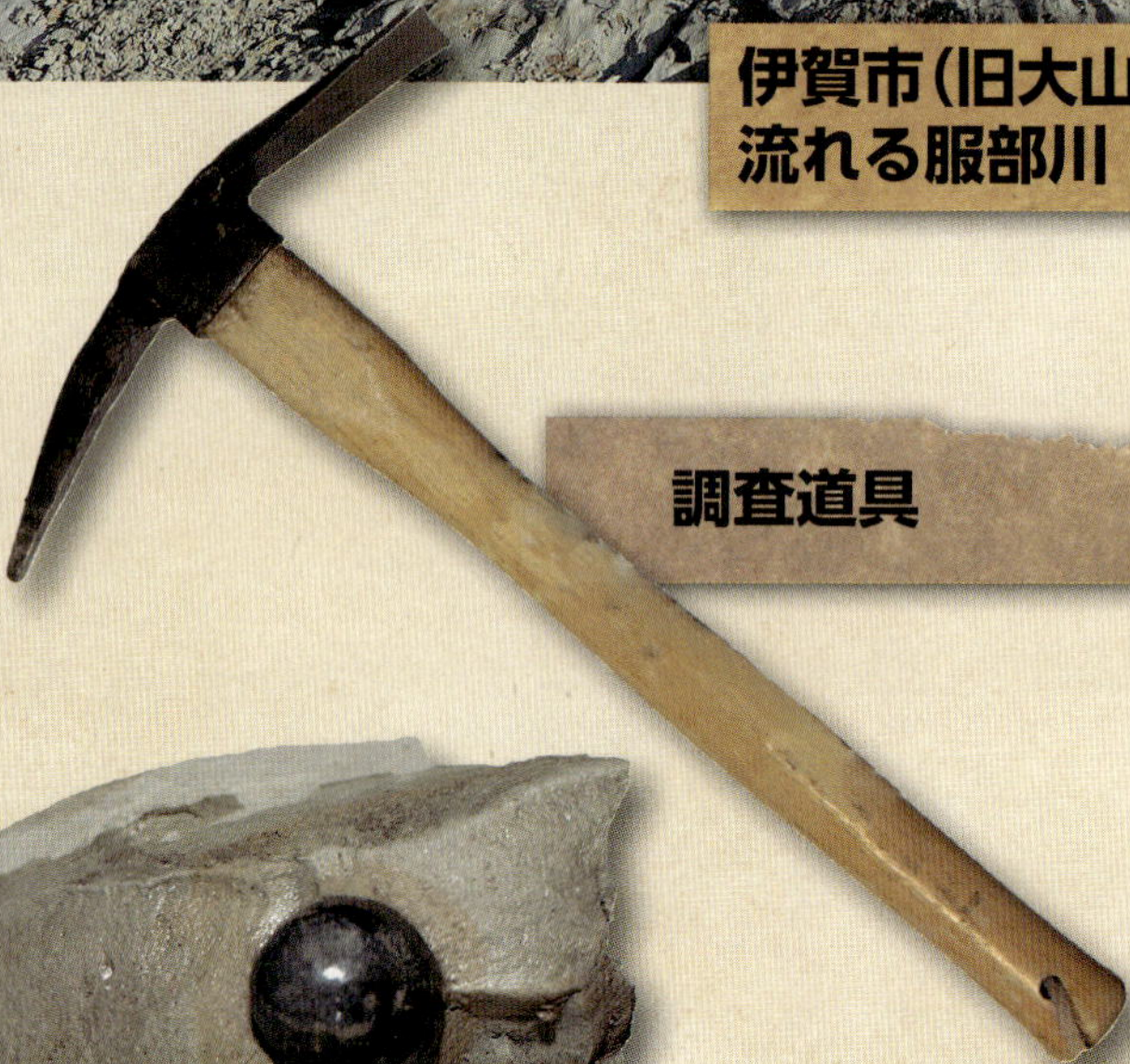

調査道具

コイの咽頭歯（A1歯）の化石

現生のコイの咽頭《いんとう》歯《し》

A 列、B 列、C 列に別れて並んでいる。

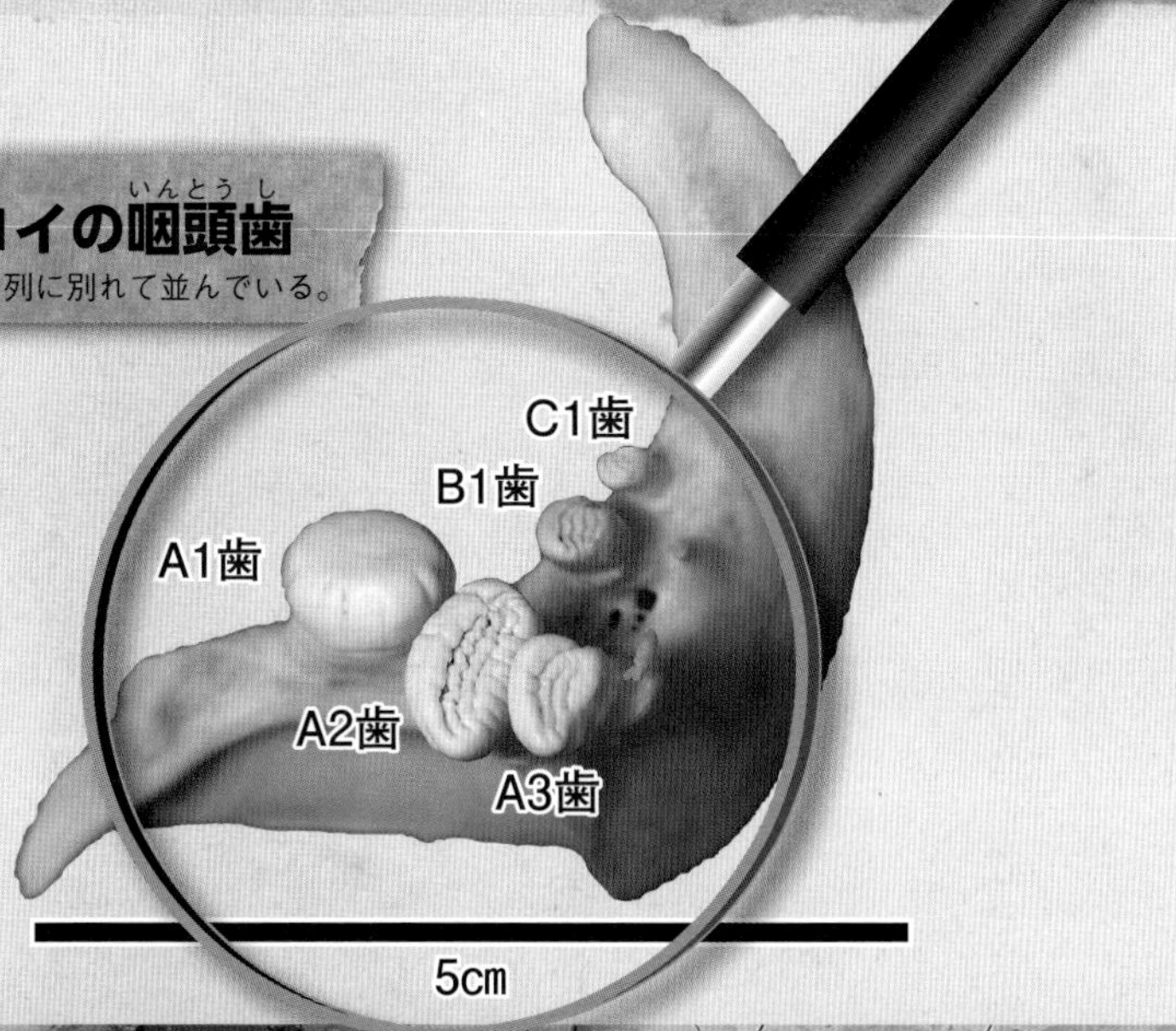

服部川の河原のイガタニシとドブガイの化石

小さな丸がイガタニシの化石

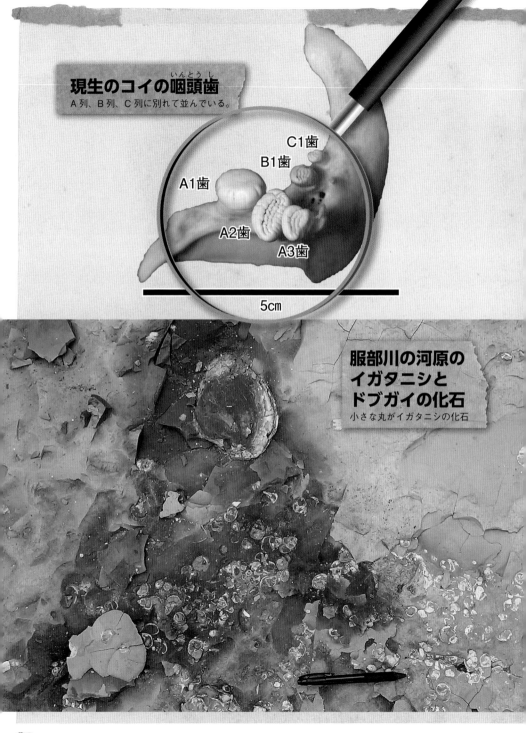

02

湖にいた生き物たち

服部川の河原で見られる化石をひとつひとつ調べることで、当時どのような生き物が湖の中にいたのかを知ることができる。たとえば貝類を調べてみると、先にあげたイガタニシやイシガイの仲間のほかにも、ヒメタニシ、ガマノセガイ、クサビイシガイ、ハコイシガイ、チヂミドブガイの仲間などが見られる。これらは、豊橋市自然史博物館の松岡敬二さんによれば、現在の中国大陸から東南アジアで見られる貝類相に似ているといわれているほか、西アジアの種類と近縁と思われるものも見られるという。

また、魚類では、ウグイ亜科、クルター亜科、クセノキプリス亜科、タナゴ亜科、コイ亜科などのコイ科の魚の咽頭歯が発見される。クルター亜科やクセノキプリス亜科という名前は聞きなれない名前であるが、それもそのはずで、クセノキプリス亜科の魚は現在の日本にはいないし、クルター亜科の魚は琵琶湖にワタカという種類が生きているだけである。しかし、琵琶湖博物館の学芸員だった中島経夫《つねお》さん（現岡山理科大学）によれば、このワタカは江戸時代の文献には福井県の三方五湖《みかたご》にも生息していたことが書かれているほか、縄文時代の遺跡を調べてみると、三方五湖や奈良県の唐古《からこ》・鍵《かぎ》遺跡からも咽頭歯が発見されているそうだ。どうやらワタカは現在よりも広い分布をしていたものが、江戸時代の頃には琵琶湖と三方五湖だけに残り、そして今では琵琶湖にだけ残ることで琵琶湖の固有種となってしまったらしい。

大山田湖にはさらに特徴的な魚がいた。それはオクヤマゴイである。このコイの正体は正確にはわかっていないが、現在のコイのA2歯と呼ばれる歯には、溝が3条あるのに対して、オクヤマゴイには1条しかない特徴を持っている。このような歯を持つコイは現在の日本にはいないが、中国南部の雲南省や広西壮族《こうせいチワン》自治区にある湖には4種類も生きており、それらはメソキプリヌス亜属と呼ばれている。やはり大山田のコイ科魚類は、貝類と同様に中国の湖と関係があるらしい。ただし、現在中国にいるメソキプリヌス亜属のコイたちは体長が20cmほどの小型のものであるが、大山田湖で見つかるオクヤマゴイはその歯の大きさから体長が1mを超えると推定されており、大きさはずいぶんと違うようだ。このほか、湖に生きていた動物としては、スッポンやハナガメ、ワニ類などの化石が見つかっている。

湖にいた生き物の中には、顕微鏡を使わなくては見られないものもいた。そのひとつがケイソウだ。ケイソウは、海や川、湖など水があるところにはいたるところにいる生き物だが、そのほとんどが0・1mm以下なので、私たちは普段はその存在に気づいていない。今の琵琶湖にももちろんたくさんのケイソウがいるが、この中にスズキケイソウという直径0・14〜0・4mmほどの大型のケイソウがいる。このケイソウは、琵琶湖にだけ生息する種で、琵琶湖の中で進化したと考えられている。このケイソウと良く似た種が誕生期の琵琶湖の泥を処理して、顕微鏡で観察すると見ることができる。一般的に、大型のケイソウは大きな湖に生きており、今考えられているような、誕生期にあった小さいはずの琵琶湖になぜこのような大型のケイソウが生息していたのか、その謎を解く研究も進められている。

琵琶湖誕生期の貝類化石
（琵琶湖博物館所蔵）

ワタカ

近年、分布が拡大しているが、本来は琵琶湖や淀川水系にのみ生息する魚。しかし、もともとはもっと広い範囲に生息していたものが、琵琶湖周辺にのみ生き残ったとの見方が強い。成魚になるにしたがって水草を好んで食べるようになる。

（琵琶湖博物館にて撮影）

オクヤマゴイの咽頭歯
（琵琶湖博物館所蔵）

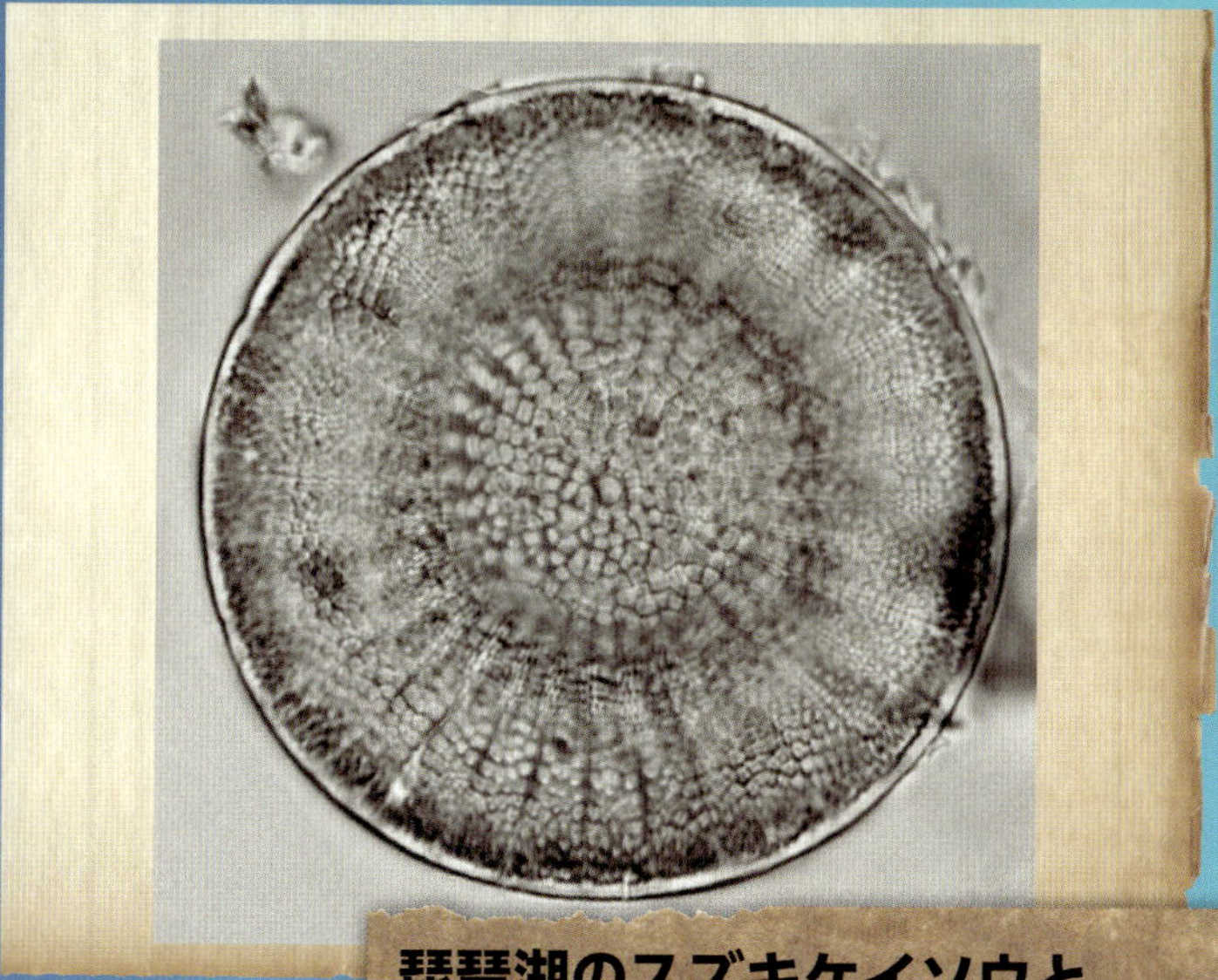

琵琶湖のスズキケイソウと
誕生期の琵琶湖から発見される
スズキケイソウとよく似た種
（大塚泰介氏写真提供）

03 ミエゾウのいた環境

誕生期の琵琶湖やその周辺のようすを知ることは、簡単ではない。たとえば、当時はどのような気候だったのか、そしてどのような植物が湖のまわりに生えていたのか、こうしたことを知るためには、この時代の地層の中の植物化石や花粉の化石を調べることが必要だ。しかし、化石の証拠はそもそも当時の様子をすべて保存してはいないし、今では絶滅してしまった種類ではどのような環境条件で生えていたのかを推定することが困難な場合もある。また、それらの植物化石が生えていた場所で化石になることは少なく、葉・実・種子などの化石は、川で流された後に別の場所で堆積し化石となっていることが多い。このような場合には、山の上の方で生えている植物と平地で生えている植物が同じ場所で見つかるので、どの場所にどのような植物が生えていたのかは、現在の植生を参考として考えることになり、当時、本当にそのような状態だったのは厳密にいえばわからないまま復元が行わることになる。

そうしたなか、和歌山大学の此松昌彦《このまつまさひこ》さんは、誕生期の琵琶湖の時代（上野層と伊賀層）の植物化石について、それまでの研究結果と新たな資料をあわせてまとめている。それによれば、これらの時代からは25科42属の植物化石が見られるという。このうちより古い上野層の時代の様子は次のようであったとしている。

誕生期の琵琶湖やその周辺にあった小さな沼では、シキシマミクリ、シキシマコウホネなどの水中の沈んでいる水草やヒメビシなどの水面にまで浮く植物が広がっていた。そして、湖の周辺の湿地や平野には高木のメタセコイアやスイショウなどの木々がそびえ、その間にはヌマミズキ属、エゴノキ、ハンノキなどの落葉広葉樹が繁っていた。さらにその背後にはフジイマツ、イヌカラマツ、セコイアなどの針葉樹とクスノキ属、ツゲなどの常緑広葉樹、フウ属、タイワンブナ、ペカン属、コナラ亜属、チャンチンモドキなどの落葉広葉樹などが生え、針葉樹と広葉樹が入り混じった森を作っていたらしい。

この上野層の時代の木々は、亜熱帯から温帯にかけて分布する種類が多く見られ、特にフジイマツ、イヌカラマツ、スイショウ、メタセコイア、コウヨウザン、ペカン属、アカガシ亜属、エゴノキなどはもっと前のさらに暖かかった時代に繁栄していた植物たちであった。このことから、上野層の時代はまだその前の時代の温暖な気候がなんとか続いていた様子がうかがえる。

こうしたやや暖かい気候は、日本特有のことではなく、世界的な傾向でもあった。過去の気温の変化の様子を推定できる酸素同位体比の研究によれば、琵琶湖が誕生した440万年前から350万年前くらいまでは、今よりも温暖な気候が続いていたようだ。ミエゾウは、こうした中で、今では日本列島から絶滅してしまった温暖な気候を好む植物がいくらか混じる森に囲まれて生活していたと推定される。このような温暖な気候は、時代が進むにしたがって寒暖のこまかな変化をともないながら徐々に冷涼化していくことになる。森の中の植物の種類が静かに変化していっていることを、ゾウたちは気がついていたのだろうか。

アカガシ亜属の葉

イヌガシの葉

イヌカラマツの鱗片

スイショウの球果

セコイアの球果

チャンチンモドキの球果

フウの果実

メタセコイアの球果

大山田の植物化石
（山川千代美氏写真提供）

フウの葉

メタセコイアの葉

1cm

酸素同位体比曲線

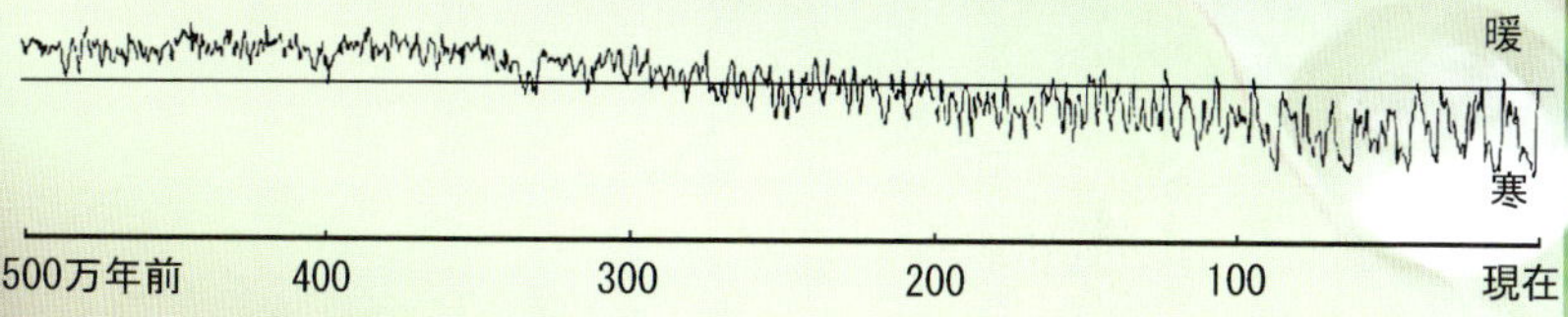

酸素には^{16}O、^{17}O、^{18}O の同位体がある。一般に海水が温まると軽い^{16}O が先に蒸発し、海洋中には重い同位体が多く残る。大陸に氷床が発達する氷期には、蒸発した^{16}O は陸上の氷として固定される割合が高くなるので、海洋中の同位体の比率は重い酸素が多くなり、海洋にいる炭酸カルシウムの殻をもつ生物では、重い酸素の割合が高い殻になる。こうした殻をもつ化石を時代を追って調べると海水温の変化を読み取ることができる。同様に陸上の氷床の中に閉じ込められている酸素を調べてもこうした変化を読み取ることができる。（Scackleton, 1955 より引用）

04 変わってきたミエゾウの名前

ミエゾウの名前は、1941年に東北帝国大学（現東北大学）の松本彦七郎《ひこしちろう》さんによってつけられた。松本さんは、1918年に三重県河芸郡《かわげ》明村《あきら》（現在の津市芸濃町《げいのう》）から発見されていた臼歯《きゅうし》のついた左側の下あご化石を調べた結果、大陸で発見されていたクリフティゾウの亜種であると考え、学名を発見地の三重県にちなんでステゴドン・クリフティ・ミエンシス、そして和名としてミエステゴドンと名付けた。

ミエゾウが研究されはじめたころ、日本から発見される同様な大型のゾウ化石は、クリフティゾウの他にもエレファントイデスゾウ、ボンビフロンスゾウ、インシグニスゾウなど様々な名前で呼ばれていた。これらの聞きなれない名前のゾウたちは、インドや東南アジアで発見されていた化石のゾウたちであるが、古くから論文によって報告がされており、しかもこれらの臼歯の形がミエゾウのものとよく似ていたことから、最初はこうしたゾウと同じものと見なされていた。その後、中国でのゾウ化石の研究が進み、それらの論文が報告されるようになると、日本から発見される大型のゾウ化石は、その臼歯化石で見る限り中国で発見されるコウガゾウやツダンスキーゾウと呼ばれているものの特徴にむしろ近いことが分かってきた。このコウガゾウとツダンスキーゾウも、今では同じゾウだということがわかっていて、学術的にはツダンスキーゾウに統一されている。

1970年には、長野県中条村《なかじょう》（現在は長野市の一部）の土尻川《どじり》で信州大学の学生が大型のゾウの頭骨化石を発見し、シンシュウゾウと名付けられた。この発見された頭骨は不完全なものであったが、残っていた臼歯の研究から最初はステゴドンよりはやや原始的なステゴロフォドンというゾウの仲間であると考えられた。しかし、これは誤りであることが分り、後にステゴドンゾウの仲間であると訂正された。

　このようにして、日本から発見される大型のステゴドンゾウの実態が徐々に明らかになると、１９９０年代には大型のステゴドンゾウは、シンシュウゾウという名前でいったんは統一された。ところが、２０００年に行われた国際動物命名規約の改正で種名と亜種名が同格扱いになるのに伴って、種名として付けられたシンシュウゾウよりも亜種名として付けられたミエゾウの方が年代的に早くつけられた名前であり、命名規則上優先権があるので、この頃から今度は和名としてミエゾウが統一して使われることになった。化石の種名については、しばしばこうした混乱がみられるものだ。

　２０１４年になって、新しく完成した三重県総合博物館にミエゾウの全身骨格復元模型が展示された。この復元に使われたのは、琵琶湖博物館と発見者である北林栄一さん、それに地元の安心院《あじむ》町教育員会（当時）が中心になって発掘を行った大分県宇佐市安心院町産の標本や東京都五日市《いつかいち》から発見された標本である。こうした標本をレーザーによる3次元スキャンを行い、3年がかりでミエゾウの復元が行われた。この復元した結果が、その祖先種であるツダンスキーゾウ（コウガゾウ）や子孫種のアケボノゾウとどのように同じなのか、どこが異なるのかといった研究結果はまだ目にしていないが、やがて、こうした一連の進化の流れについても解明する日が来ることと思われる。

ミエゾウの全身骨格復元
(三重県総合博物館所蔵)

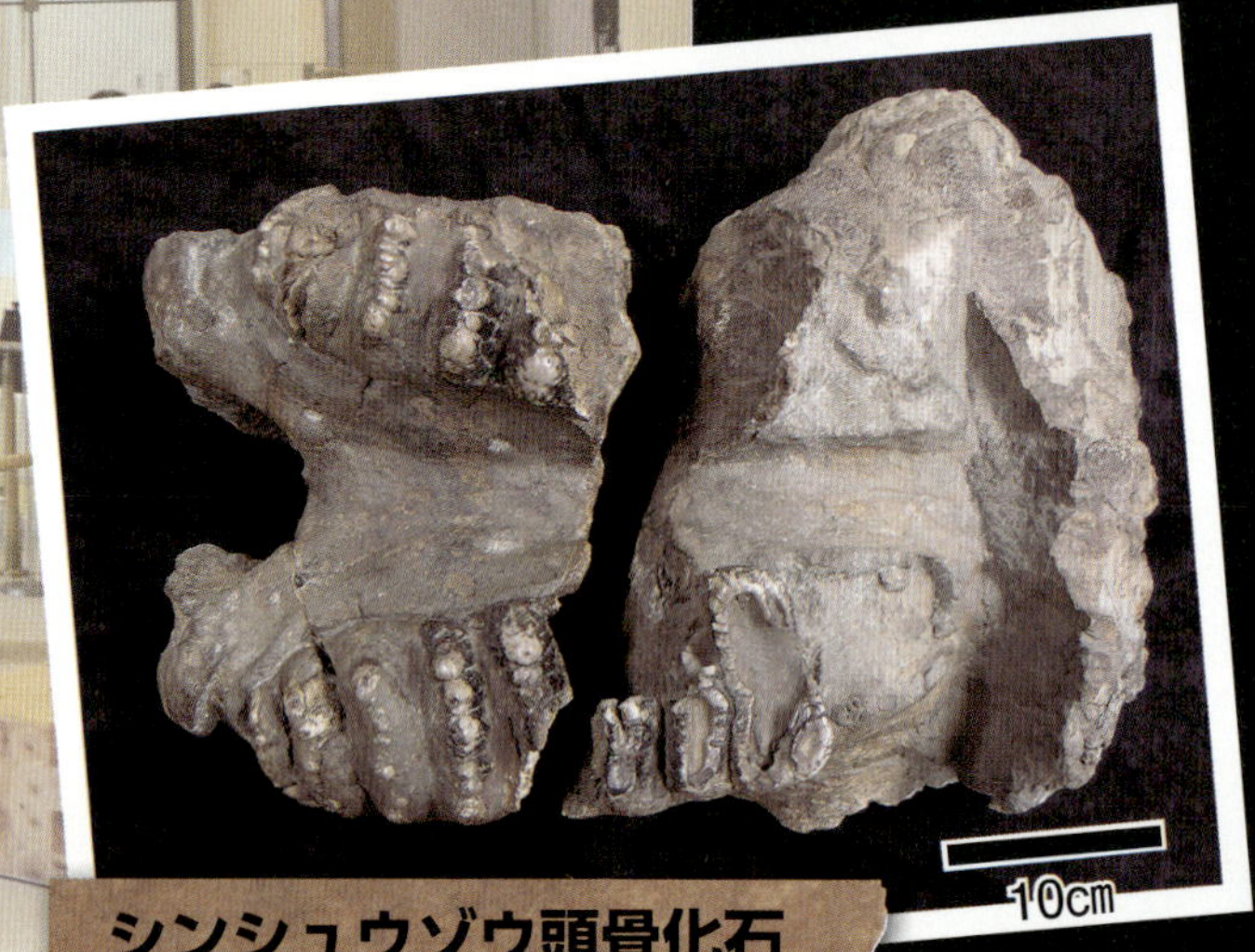

シンシュウゾウ頭骨化石
(信州大学所蔵)

この標本では、頭骨のうち臼歯や上あご、後頭部などが残っているが、写真は上あごの部分。写真の右側が前方。2本の臼歯化石が見えている。

シンシュウゾウ頭骨化石のスケッチ(大島 浩氏作成)
頭骨化石を横（左）と下後方（右）から描いたもの。

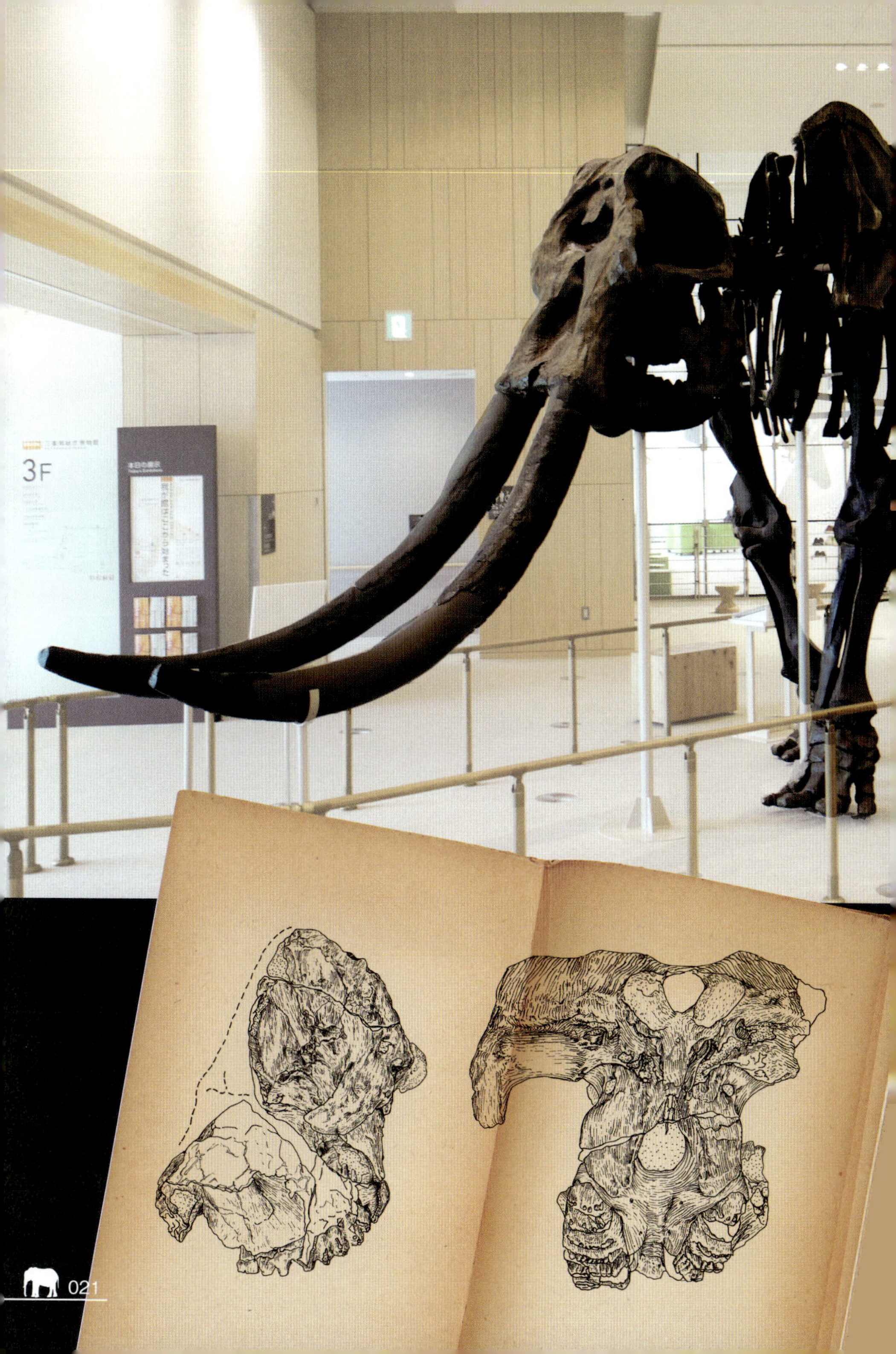
3F

05

日本で生まれたミエゾウ

ミエゾウの学名は、ステゴドン・ミエンシスという。ステゴドンという学名は、ギリシャ語の「屋根型の歯」という意味に由来しており、その名が示すように臼歯を横からみると屋根型の稜がいくつもつながったように見える。

ステゴドンゾウの仲間は、現在生きているゾウとは異なる仲間で、今では絶滅してしまったグループである。このゾウ類は、インドからアジアかけての地域におよそ600万年以上前から4000年前まで生きていたとされている。兵庫県立人と自然の博物館の三枝《さえぐさ》春生《はるお》さんの研究によれば、その起源は中国南部からタイ周辺の地域にあるとされており、そこから3つのグループに分かれ広がったとしている。このうち北にいったグループがツダンスキーゾウのグループで、600万年以上前から300万年前のあいだに中国の黄河流域などで生息していた。このツダンスキーゾウあるいはコウガゾウと呼ばれているゾウが日本に渡ってきて、ミエゾウになったようだ。

琵琶湖博物館の準備室時代、博物館の展示物として中国科学院古脊椎動物・古人類研究所に依頼して、コウガゾウと呼ばれていた化石の全身骨格模型を作ってもらった。この標本は、1971年に中国甘粛《ガンスー》省から発見されたもので、当時、全身が発見されているコウガゾウは、この標本しかなかった。この骨格模型が日本に入ったことで、ミエゾウとコウガゾウの骨格が容易に比較できるようになった。

それまでの研究では、両者の臼歯がよく似ていることから、ミエゾウはツダンスキーゾウ（コウガゾウ）に近縁な種類もしくは同じ種類であると考えられていた。その当時、ミエゾウの臼歯以外の骨格化石はあまり発見されていなかったが、長野県の戸隠《とがくし》からは保存良好な下あご化石が発見されていたことから、私と当時大阪市立大学の大学院生であった小西省吾さん（現みなくち子どもの森）は、戸隠にコウガゾウの下あごのレプリカを運んで比較を試みた。その結果、両者の臼歯化石はよく似ているものの、下あごの形には明らかにいくつもの違いが見られた。その違いを一言で言えば、ミエゾウの方が前後に短縮したような特徴があるということだ。この研究以降、私たちは、ミエゾウは中国のツダンスキーゾウと別種の日本独自のゾウであると考えるようになった。

ミエゾウもしくはミエゾウと推定されている大型のステゴドンゾウ化石は、宮城県から熊本県までのおよそ20か所から発見されている。これらの中で最も古い時代のものは、宮城県仙台市から発見された約530万年前の臼歯化石である。この臼歯化石の特徴は、他のミエゾウの臼歯化石と比較してむしろ中国から発見されているツダンスキーゾウのものに似ているといわれている。このことから、約530万年前に日本に渡ってきたツダンスキーゾウは、日本の環境に適応したミエゾウへと進化していったのだろう。

ツダンスキーゾウが渡ってきたころの日本は、大陸から突き出た半島のような形であったと考えられている。日本海の海底ボーリングで得られた地層を調べた結果、およそ300万年前まではこうし状態だったようだ。ミエゾウはこうした状態の日本の中で、大陸の種と行き来しづらくなり、独自の形に変わっていったと考えられる。

コウガゾウの全身骨格復元
（琵琶湖博物館所蔵）

肩の高さは3.8mある大型のゾウ。このレプリカは世界で初めて中国国外で常設展示するために作られたもの。コウガゾウは、黄河の支流から発見されたが、現在ではツダンスキーゾウと呼ばれる種と同じものと考えられており、正式には先に命名されたツダンスキーゾウに統一して呼ばれている。

ステゴドンゾウ類の放散

ステゴドンゾウの祖先は中国南部からタイ周辺の地域で誕生し、各地に分散した。このうち、北に向かったのがツダンスキーグループであり、やがて日本に渡来した後にミエゾウへと進化した。（Saegusa, 1996を基に作成）

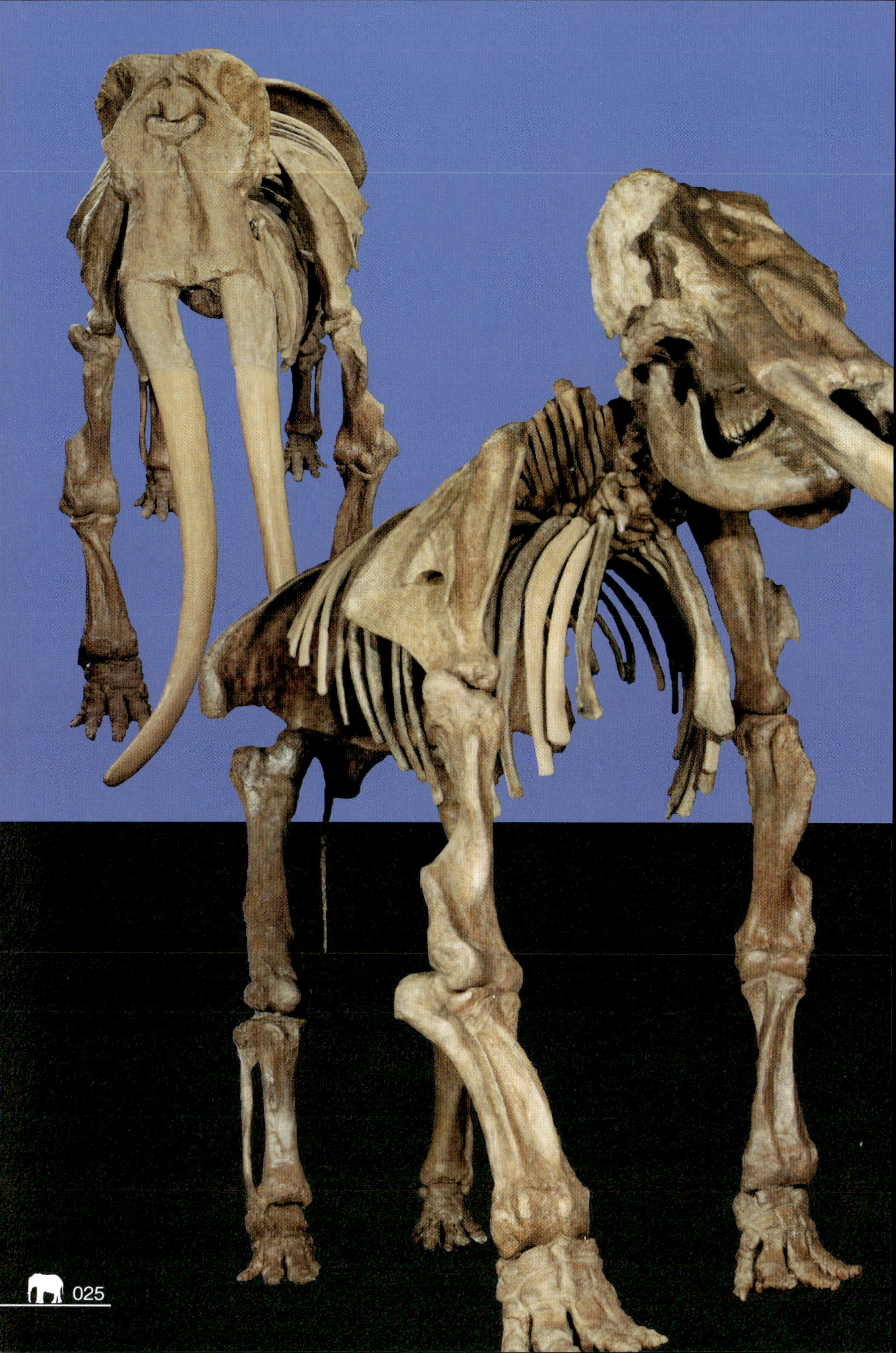

06 誕生期の琵琶湖にいたワニ

服部川の河原からは、ときどきワニの化石が発見される。その多くは小さな円錐《えんすい》形の歯であるが、まれに頭の骨の一部も発見されることもある。それらを詳しく調べてみた結果、大山田湖には少なくとも鼻先が長いワニと短いワニがいたと考えられている。

鼻先が長いワニは、クロコダイル科のワニで、発見される化石を現在生きている近縁な種類と比較すると、その大きさは2～3mほどであったようだ。大きさは違うが、後で述べるマチカネワニ、もしくはそれに類似した種類であったと推定されている。

一方の鼻先の短いワニは、アリゲーター科のワニであり、こちらも3mほどの大きさがあったようだ。アリゲーター科のワニは現在では、中国にいるヨウスコウアリゲーターと北アメリカにいるアメリカアリゲーターしかいないが、この当時には、日本にもアリゲーター科のワニがすんでいたことになる。

ワニの化石は、歯や骨だけでなく、足跡化石も発見されている。1993年9月3日、九州に上陸した大型の台風14号は、上陸後、広島から中国地方東部と北東方向に横断し、日本海に抜けた。近畿地方は進路の中心にはあたらなかったが、それでも大型の台風であったために、各地に被害をもたらした。古琵琶湖層群の下部の地層が見られる服部川でも、大雨による増水によって護岸はあちらこちらで削られた。台風が去った後の9月9日になって服部川河川敷グランドの近くから奇妙な大小のくぼみが多数現れた。大きなくぼみは、直径50～60㎝ほどの円形で、小さなものは、10㎝前後のモミジの葉のような形をしていた。知らせを受けた大山田村（現伊賀市）は、地元で長く化石の研究をしている奥山茂美さんに調査を依頼し、その一部の切り取り保存を行った。一方、新しい博物館建設を考えていた三重県立博物館は、大阪市立大学理学部の熊井久夫教授を団長とする「大山田地区服部川足跡化石調査団」を結成し、1994年8月から総合的な調査を開始した。その結果、これらのくぼみは調査範囲から合計100個以上が2層にわたって発見され、大型のものはミエゾウのもの、小型のものはワニのものであることが確認された。足跡化石がついている地層は、古琵琶湖層群上野層で、その年代は近くにある火山灰層からおよそ370万年前であることがわかった。発掘調査では、上位の発掘面にゾウの足跡のまわりにたくさん見られたワニの足跡の中に連続する足跡が2列確認できた。また、下位の発掘面では発掘時には確認できなかったが、かたどりしたレプリカを観察することで、7列もの連続するワニの足跡が発見された。こうした連続する足跡や単独の足跡の大きさを調べると、ある程度は体長を推定することもできる。この調査では足跡をつけたワニの大きさを2～2・5m程度と推定した。

こうした足跡化石に伴って植物、昆虫、魚、スッポンなどの化石も発見されたことから、それらを総合して足跡化石がついた当時のようすが復元された。それによれば、このあたりにはコイやフナが泳ぐ初期の琵琶湖があり、その水辺にはヒシが育っていた。周辺にはイヌカラマツやシキシマネズコ、トウヒ属、モミ属などの針葉樹と、フウやミキカリアグルミ、ツゲ、ブドウなどの広葉樹が混ざった森が広がっていたとされている。

ワニの前上顎骨化石
(琵琶湖博物館所蔵)

三重県伊賀市の古琵琶湖層群上野層(約360万年前)。

ワニ歯化石
(琵琶湖博物館所蔵)

三重県伊賀市の古琵琶湖層群上野層(約360万年前)。

ワニ足跡化石
(レプリカ、琵琶湖博物館所蔵)

三重県伊賀市の古琵琶湖層群上野層(約370万年前)。

ワニ足跡化石の産出状況
（岡村喜明氏写真提供）

三重県伊賀市の古琵琶湖層群上野層（約370万年前）。丸い大きな足跡化石はゾウのもの。そのまわりの小さな足跡がワニのもの。

07 温帯のサイ

サイの手首の骨のひとつや足跡化石も服部川から発見されている。手首の骨は解剖学的には手根骨《しゅこんこつ》と呼ばれている。手根骨は上下2段に並んでおり、ほ乳類では7～8個の骨からできている。もちろん私たちの手首も同様の骨がある。このうち、服部川から発見されたのは、月状《げつじょう》骨《こつ》と呼ばれる骨である。私はこの骨の発見者である近畿地学会の山本勝吉さんにお願いしてレプリカを作らせていただき、国立科学博物館やインドネシア科学院の生物学研究センターでインドサイ、シロサイ、スマトラサイなどと比較してみた。インドサイやシロサイは、肩の高さは1・5～2m、スマトラサイでは1～1・5m程度のであるが、月状骨の比較ではインドサイやシロサイより小型であり、スマトラサイよりは大きかった。形態的にはサイの月状骨としての共通点は見られたが、どのサイとも異なった形をしていた。この骨からだけでは今のところ種類まではわからないが、誕生期の琵琶湖の周辺にはやや小型のサイがいたようだ。

　服部川からはサイの足跡化石も発見されている。この時代のサイの足跡化石は日本中を見渡しても古琵琶湖層群からしか発見されていない。サイの足跡化石は、一見するとゾウの足跡と似て全体の形は楕円形だが、足跡の底の部分には3つの指のあとが見られることで区別できる。ただ、底には前足と後足の足跡が重なっているのが普通なので、形が複雑になる場合がある。そのうえ、足跡が着くような地面は軟らかい状態なので、足を地面から抜くときに変形したり、となりの足跡化石がついたときにも変形することがしばしば起こる。そのため、目の前の足跡がゾウのものかサイのものかを見分けるのはそう簡単ではないことが多い。事実、古琵琶湖層群にサイの足跡化石があることに気づくまでは、楕円形の足跡化石はすべてゾウの足跡化石と思われていた。ところが、一度そこにもサイの足跡化石があることに気づくと、次々と発見されるようになった。その結果、古琵琶湖層群からは今では約400万~230万年前や55万年前の時代からサイの足跡化石が発見されている。

古琵琶湖層群上野層の時代に近い国内のサイ化石としては、神奈川県愛甲《あいこう》郡相川《あいかわ》町、大分県宇佐市などからも報告されている。この時代は、暖帯型の植物を含む温暖な植物相からそれよりもやや冷涼な温帯型の植物相へと移りかわる時代であることが古琵琶湖層群や隣接する大阪層群の植物相の研究からわかっている。地球規模の気温の変化を読み取ることができる酸素同位体比の研究からは、約350万年前までの温暖な気候の後、寒暖の振幅をともないながら徐々に寒冷化したことが示されており、古琵琶湖層群や大阪層群で見られる植物相の変遷は、地球規模での気候変化を反映したものであるといえる。古琵琶湖層群から発見されるサイたちは、東南アジアのサイたちが熱帯雨林で生活しているのとは異なり、常緑針葉樹や落葉広葉樹の森が広がる温帯の森の中で昼寝をしたり、湖で水浴びをしながら生活していたのだろう。

大型のゾウ、人に背丈の倍はあるワニ、そしてやや小型のサイがいた琵琶湖誕生期のようすは、現在の東南アジアのそれに近いようにも思われるが、そこにあった森は、すでに始まりかけていた次の冷涼な気候を感じて、少しずつ変わり始めていた。

古琵琶湖層群から発見された サイの手根骨化石と現生種との比較

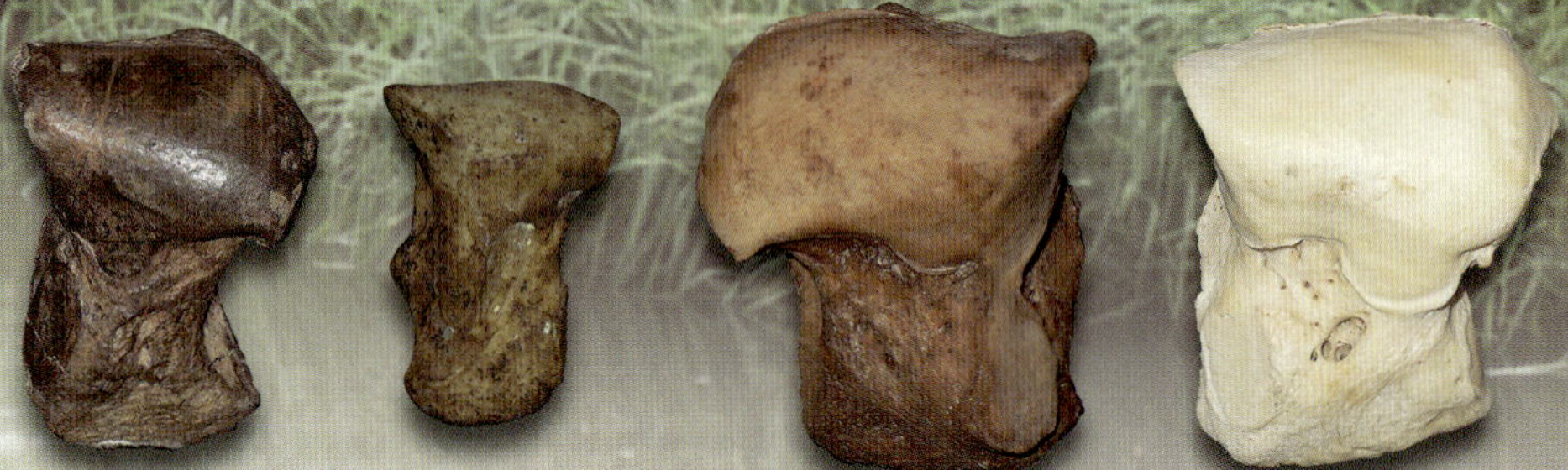

古琵琶湖層群上野層（約360万年前）のサイ手根骨化石（大阪市立自然史博物館所蔵）

スマトラサイ（インドネシア生物研究センター所蔵）

インドサイ（国立科学博物館所蔵）

シロサイ（国立科学博物館所蔵）

5cm

サイやゾウの足跡化石が見られる 服部川の河原（古琵琶湖層群上野層、約360万年前）

円形の模様や水たまりが足跡化石。

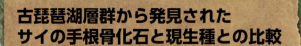

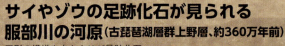

古琵琶湖層群上野層（約360万年前）から発見されたサイの足跡化石
（岡村喜明氏写真提供）

古琵琶湖層群上野層（約360万年前）から発見されたサイの足跡化石（左）と現生のスマトラサイの足跡（右）の比較
（岡村喜明氏写真提供）　足跡のくぼみに石膏を流した型。

08
工事現場で発見されたゾウ化石

1993年2月上旬、滋賀県犬上《いぬかみ》郡多賀《たが》町四手《しで》の丘陵を削って工業団地が作られていた。その広大な造成現場の東側にセメント会社の石灰岩貯鉱場の建設が行われていた。この貯鉱場の排水路工事のさ中、パワーショベルが削りとった粘土層の底に大きな黒褐色のかたまりが現れた。作業をしていた人が驚いてひろいあげて見てみると、割れた断面には小さな穴が無数に開いていた。それは動物の骨のようにも見えたが、骨だとするととても大きな動物ということになる。とにかく、奇妙なものなので現場の工事管理者に届けることにした。後にこれは、ゾウの骨盤の骨（寛骨《かんこつ》）ということがわかった。

その後も、同じ場所から牙が発見されたが、その話を工事現場の作業員から聞いたこの周辺の地質を調べていた人たちが、多賀町教育委員会と相談して、後日、骨や牙の発見された場所を掘ってみることにした。その結果、もう一本の牙が発見されただけでなく、徹夜で掘り進めるうちに、近くから肋骨《ろっこつ》や背骨などが次々に発見された。この発掘には私も参加していたが、その骨の産出状態からは、周辺には1頭分のゾウ化石が埋まっていると考えられた。そこで、翌日、琵琶湖博物館の準備室長や多賀町教育長などとセメント工場にお願いにいき、わずか1週間だけではあったが、発掘をさせてもらうことになった。

発掘は、化石が埋まっていると考えられる幅4m、奥行き7mの範囲で行われた。許可された期間が短いことから、ゾウ化石が埋まっている深さより上の部分は、可能なかぎりパワーショベルで取り除いた。発掘には、多賀町教育委員会、県内の地学関係者、琵琶湖博物館の地学担当者などが急遽集まり、毎日10～20名近い人数で発掘することができた。

発掘を開始して2日目、早くもゾウの肩甲骨《けんこうこつ》や背骨が現れた。その後も、ぞくぞくとゾウの化石が発見され、約束の1週間後には発見した骨化石をすべて取り上げることができた。取り上げた骨は、ゾウの体の骨の7割ほどはあり、全国版のニュースで報道されるほどの大発見となった。

しかし、結局、分類上重要な臼歯や頭の骨が発見できなかったことから、あきらめきれない発掘メンバーは、再度セメント会社にお願いして数日間の発掘許可を得た。狙いは、すでにできあがっていたコンクリート製の排水路の下の部分であった。発掘を再開して1日目には、ゾウの肋骨、首の骨、シカの骨などが発見されたが、狙っている歯や頭の骨は発見されなかった。翌日の午前中になっても何も発見されなかったが、午後になると排水路の下から臼歯のついた下あごがようやく発見された。

コンクリート製の排水路と下あごの化石との隙間はほとんどなかった。あと少し工事の時に掘られていたらこの下あごは壊されていただろう。発掘をしていた人たちは、排水路の下に体をもぐりこませて、千枚どおしで慎重にまわりの土を取り除いていった。この作業は翌日の午後まで続けられ、3時ごろになってようやく無事に下あごを取りだすことができた。それは、頭に関節する部分の骨がなくなっていたものの、両側の臼歯が完全に残ったりっぱな下あごの化石であり、この発見によってこのゾウがアケボノゾウであるということが誰にも明確にわかるようになった。

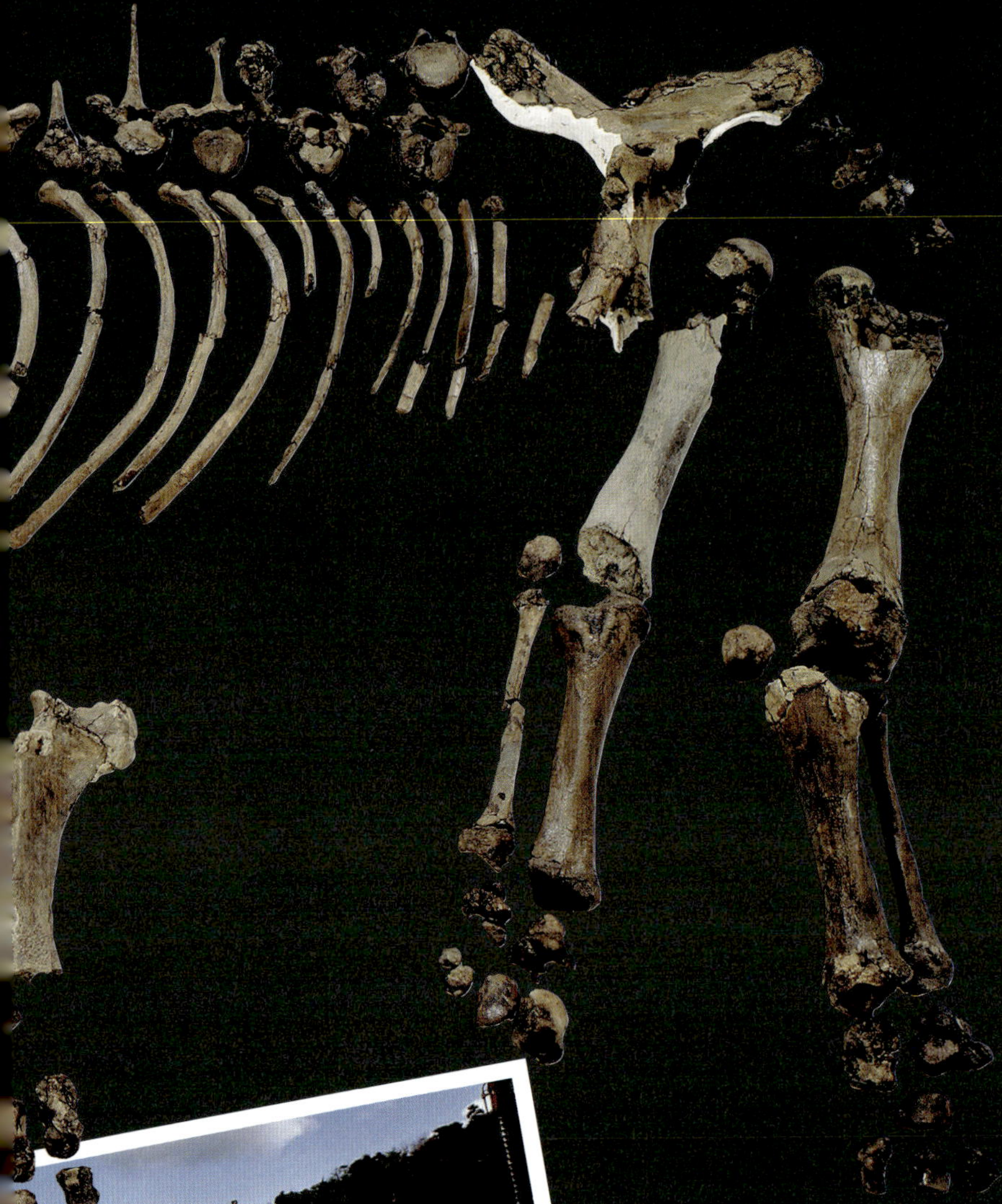

重機を使ってゾウ化石が埋まっている白い構造物の近くまで掘り下げているところ。

発掘されたアケボノゾウの骨格
(多賀町立博物館所蔵)

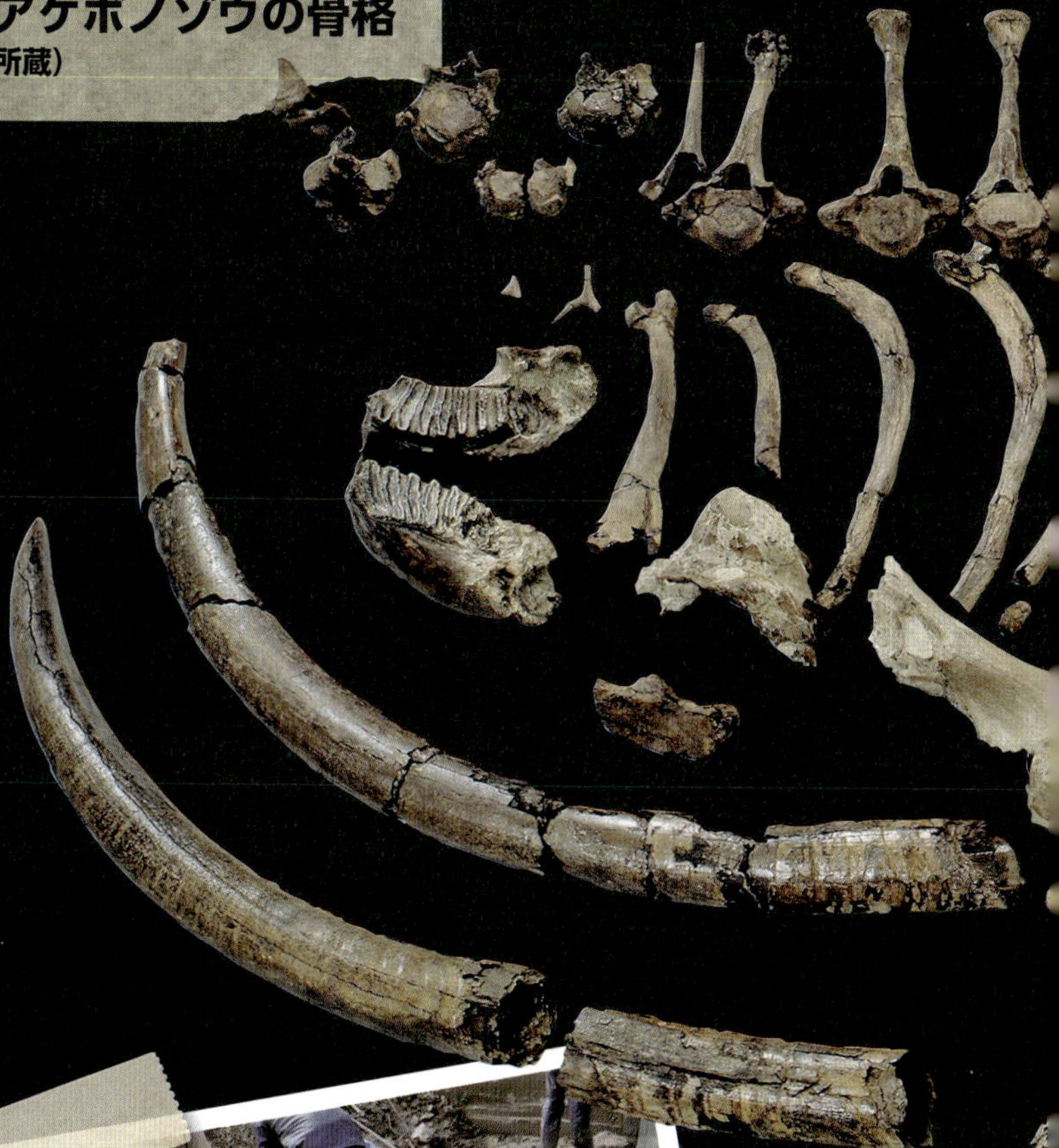

続々と発掘されるゾウ化石。

1993年に行われた多賀町でのアケボノゾウ発掘風景

09 ミエゾウからアケボノゾウへ

アケボノゾウは、およそ300万年前にミエゾウが絶滅し、その後しばらく経ってから日本列島に出現するゾウである。岩手県南部から長崎にかけて発見されている。全身骨格の復元は、滋賀県多賀町産のほか、兵庫県神戸市西区伊川谷《いかわだに》、埼玉県狭山《さやま》市笹井《ささい》などから発見された標本でも行われている。

アケボノゾウもミエゾウと同じステゴドン属のゾウであるが、ミエゾウと違って肩の高さは2mほどしかない小型のゾウである。日本以外では発見されていない。また、頭骨のひたいの部分がくぼんでおり、その特徴がコウガゾウでも見られることから、中国大陸から渡ってきたコウガゾウ（ツダンスキーゾウ）が、日本固有のミエゾウとなり、さらにそれが小型化してアケボノゾウになったと考えられている。

このゾウは、これまでアケボノゾウという名前のほかに、アカシゾウ、ショウドゾウ、カントウゾウ、スギヤマゾウ、タキカワゾウなどと様々な名前で呼ばれていたが、1991年にこれらは同じ種類のゾウ化石であるとされ、アケボノゾウという名前に統一された。

アケボノゾウと間違いなくわかる臼歯化石は約200万年前になって現れるが、250万年前からはすでにアケボノゾウによく似た臼歯化石が出現する。このゾウを、「アケボノゾウ類似種」あるいはミエゾウとアケボノゾウの中間の形を意味する「中間型」などとゾウ化石の研究者は呼んでいた。ところが、2010年になって、2001年に東京都八王子市から発見されていた臼歯化石を基に、こうした中間型の臼歯を持つゾウ化石にハチオウジゾウという名前が付けられ、新種として学会誌に報告された。

湖南市（旧甲西町《こうせいちょう》）を流れる野洲《やす》川の河原からは、1988年にゾウやシカの足跡化石が高校の教員だった田村幹夫《みきお》さんによって発見されたことから、京都大学を中心に野洲川足跡化石調査団が結成され本格的に調査が行われた。この足跡化石の時代については、調査団では火山灰層の検討から古琵琶湖層群の蒲生層上部（約200万〜180万年前）としていたが、その後の甲西町教育委員会などが行った再調査によって、古琵琶湖層群甲賀層上部（約260万年前）であることが分かった。この足跡化石は、発見当初から30年以上にわたり、アケボノゾウのものと呼ばれていたが、改めて考えてみるとその産出年代から言えば、ハチオウジゾウの足跡ということになる。アケボノゾウの足跡と呼んできたものを今さらハチオウジゾウのものだと呼ぶのは違和感を覚えるが、年代的にはそういうことになる。ただ、ハチオウジゾウに関しては、その臼歯の稜数がミエゾウとアケボノゾウの中間の数であることを根拠に設立されたが、臼歯以外の部位で観察した時にひょっとするとミエゾウかアケボノゾウかのどちらかの種に含めた方がよい可能性もでてくる。中間型というのは、新たな種として位置づける時には慎重さが必要となる。問題を解決してくれる新たな資料が発見される日が待たれる。

琵琶湖の周辺のアケボノゾウ化石は、多賀町のほかにも東部の日野町の佐久良《さくら》川河床《かしょう》や西部の大津市千野《ちの》などからも、臼歯化石や後ろ足の一部の化石が発見されている。

アケボノゾウ全身骨格復元
（多賀町立博物館所蔵）

アケボノゾウ生体復元模型
（多賀町立博物館所蔵）

アケボノゾウ脛骨化石《けいこつ》(日野町産)

この脛骨からは、ゾウの種類まではわからないが、発見された地層の年代からアケボノゾウの脛《すね》の骨と考えられている。

アケボノゾウ上顎大臼歯(日野町産)

写真左側が前方。正面に見えている面がかみ合わせの面。

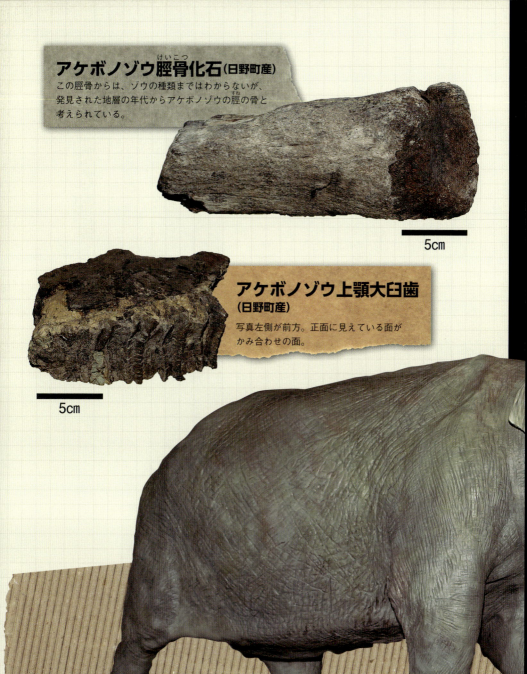

10 あらたな発掘

琵琶湖博物館には、館内に学芸員が座っている質問コーナーがあるだけではなく、メールを使って疑問に思ったことを質問できるしくみもある。ここに県内で恐竜を発掘できる場所がないかという質問が届いた。質問者は地方テレビ局の番組を作っている藤井慶さんだった。多賀町立博物館で開催された化石のイベントに子供と参加した時に、県内で恐竜が発掘できる場所がありはしないだろうか、もしあったらそこを発掘して地域の人たちが元気になる企画を作ろうと思いついたようだ。琵琶湖博物館に寄せられた質問は、質問受付の担当学芸員から骨の化石を研究している私のところに転送されてきた。私は、県内には恐竜が発掘できる場所はないという答えの最後に、しかしゾウなら発掘できる場所があると付け加えて返信した。その結果、藤井さんはそのことに興味を持ったようで、私が書いた現場で落ち合うことになった。現場とは、20年前にアケボノゾウを掘った多賀町の貯鉱場（鉱石の保管場所）である。

朝早く多賀町立博物館の駐車場で落ち合った二人は、車で数分でたどりつける貯鉱場に向かった。貯鉱場についた二人は、車を降りるとフェンスの外から中のようすをのぞいた。その目の先にあったものは、うず高く積まれた採石であった。その量に私たちは、がっくりした。20年前に発掘した場所は、その採石の下にある部分だ。そこをもう一度掘るためには、今ある採石の量があまりにも多く、とても掘る許可など得られそうもなかった。これは無理ですねといってその朝は別れた。

ところが数日たって、藤井さんから私のところに電話がかかってきた。藤井さんは念のため貯鉱場の人に発掘の可能性について聞いてくれたのだ。その結果、この貯鉱場は近々閉鎖される予定があることを聞きだしてくれた。このことから、また新たな発掘が始まることになった。発掘は、多賀町立博物館を事務局として、地域の地学関係者、琵琶湖博物館、そして発掘のきっかけを作ってくれた藤井さんの作る番組「知ったかぶりカイツブリ」も応援してくれることになった。今回の発掘では、1993年の発掘の時にはできなかった、一般市民の参加も募り、また多賀町の人たちにも発掘を体験してもらったり、ボランティアで運営を支えてもらうような組織が作られた。

これまで発掘は2013年の4月から短期間のものを数回繰り返し行ってきた。地層の中に含まれている火山灰の時代から、この発掘している場所の時代は、約190万年前のものであることがわかった。その時代にどのような環境があり、どのような生き物がいたのかを探るのが、今回の発掘の目的である。これまで発掘で得られた化石は、哺乳類ではシカ類の上腕骨や背骨、肋骨など、爬虫類ではカメ類の甲羅の一部、魚類では多くの種類の咽頭歯、貝類、ヒシなどの水生植物を含む植物化石、昆虫化石、足跡化石などの目に見える化石のほか、花粉やケイソウなどの化石も調査地点の下から上まで一定間隔で泥を採取して調べている。まだ、調査は終了していないが、この場所に一定期間あまり深くはないが沼が存在したこと。そこには、たくさんの魚や貝が泳いでいたこと。アケボノゾウやシカも周辺にはいたことなど、190万年前の多賀の様子が徐々に明らかになってきている。

多賀町での
発掘のようす

発掘された
シカ肋骨化石

貯鉱場の様子

左側が新しい発掘場所。右端のあたりが 1993 年に発掘した場所。
あらたな発掘を始めたころに撮影したもの。

多賀町での発掘現場

11 古琵琶湖発掘隊

新しい多賀の発掘では、一般市民も参加して発掘を進めている。市民が参加するといっても、発掘を一緒に行うからにはそれなりの準備が必要となる。これには、琵琶湖博物館の「はしかけ制度」というユニークな制度が一役かうことになった。この制度は、琵琶湖博物館の理念に共感し、自分たちで様々な活動を企画・運営しながら、琵琶湖博物館と共に活動していくために作られた制度だ。現在18のグループが琵琶湖博物館を拠点として活動しているが、このひとつとして2014年に古琵琶湖発掘隊が誕生した。

このグループは、多賀町の発掘に参加することで、身近な自然や文化に興味を持つようになり、また、次のそういう人たちを育てるような活動をしていくことを目指している。活動を始めて最初の1年間は、毎月、琵琶湖博物館や他の施設、そして野外などで、地質、植物化石、花粉化石、昆虫化石、貝化石、骨化石などの勉強を行うことを繰り返した。また、多賀町で行われる実際の発掘に参加し、自分の手で掘りながら地層を観察し、化石を採集した。もちろん発掘された化石の整理も行う。このようにして、少しずつ物を観察する力を高めるとともに、地質や化石の調査方法を発掘現場で実践的に学んでいる。古琵琶湖発掘隊の人の中には、以前から化石の調査や採集をしている人たちといっしょに野外に行って個人的に勉強をする人も何人もでてきた。

素人には研究ができないという人もいるが、だれでも最初は素人だ。大切なのは、勉強をする気持と勉強ができる環境があるかどうかである。博物館はその意味において、施設や設備があり、人材もいるのでやる気のある市民が勉強するにはとてもよい環境である。こうした地域の人達の手によって、自分たちの住む場所の自然や文化が調べられ、今まで知られていなかった地域のもつ価値が、次々に掘り起こされることを私たちは願っている。

多賀町お助け隊

多賀町の発掘組織には、古琵琶湖発掘隊以外にも多賀町お助け隊というのもある。これは、発掘地である多賀町の住民によるボランティアグループである。発掘が行わる際に、受付を行ったり資材を運んだり、時には発掘作業さえ行う、名前のとおりなんでも助けてくれる人たちだ。このほか、発掘には多賀町の住民も募集して参加できるようになっている。自分たちの住む場所の歴史を自ら解き明かすおもしろさを体験してもらうことを目的としている。

こうした調査の核を担えるのは地域の博物館である。多賀町立博物館は1993年のアケボノゾウの発掘をきっかけとして誕生した博物館である。その博物館が今度は新たな発掘の核となって作業を行えるようになった。こうした博物館があるおかげで、発掘した化石は、町外に持ち出されることなく町の財産として博物館に保管され、展示される。地域の人たちは、いつでもそれを見ることができるし、外から来た人たちは、この町でどのような発掘が行われたのかを博物館で見た後に、さらに興味があれば発掘現場の近くまで行くこともできる。博物館が地域に果たす役割は小さくないことを多賀町立博物館は示している。

古琵琶湖発掘隊骨の
化石のクリーニング風景

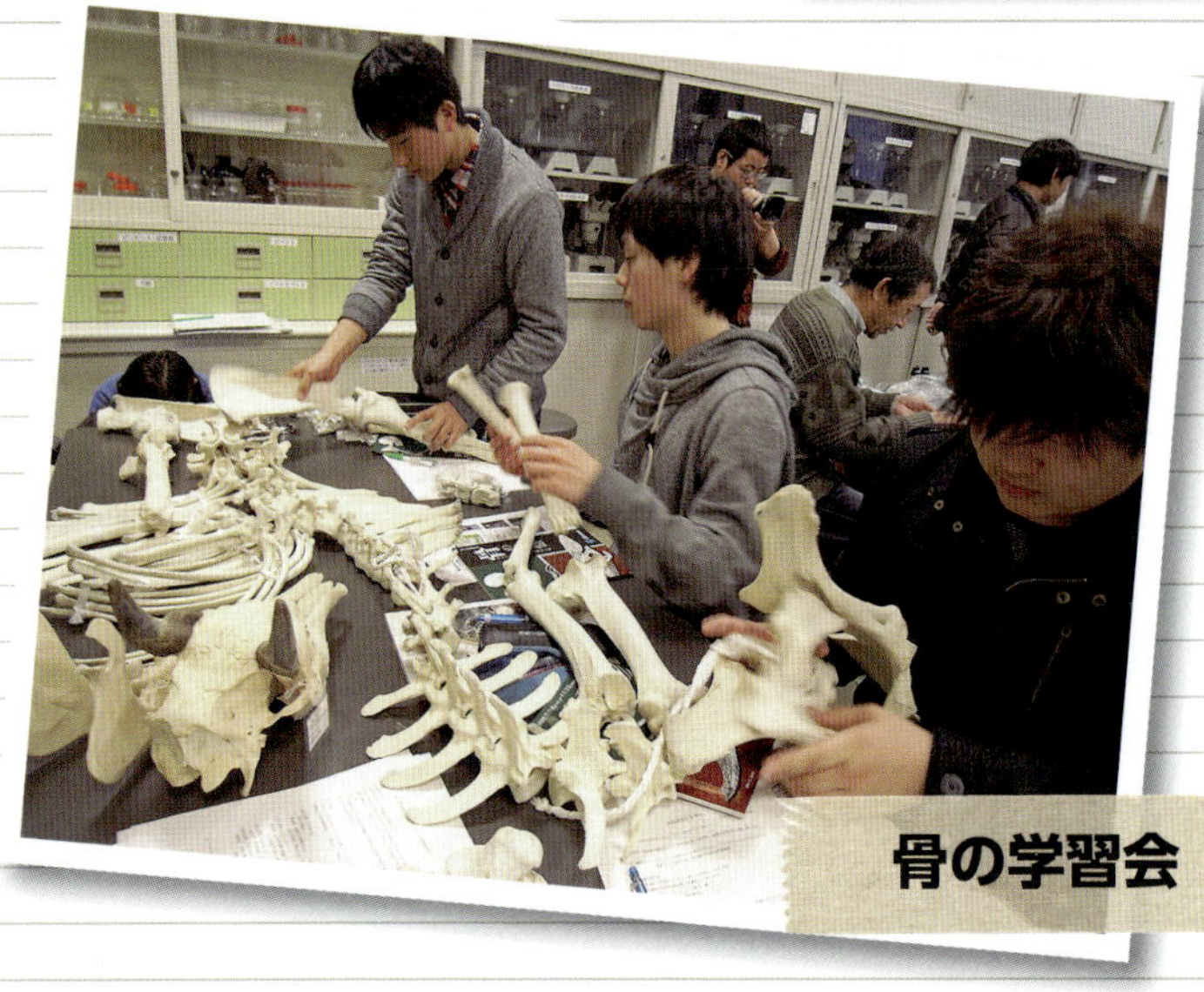

骨の学習会

古琵琶湖発掘隊の学習会

足跡化石の学習会

現生植物の学習会

地層の学習会

12

アケボノゾウのすむ森

多賀の発掘では、ゾウやシカの骨化石を探すだけでなく、地層や植物、昆虫、貝などの化石のほかに花粉や珪藻などの顕微鏡でないと見えない化石についても調べている。これらの成果は、まだまとまっていないが、その植物化石の中間的な成果によれば、水域で見られるヒシ、マツモ、湿地を好むメタセコイアやスイショウの化石が見られたほか、その周囲の森には、コナラ属やブナ属のブナ科の植物、カバノキ科、トチノキ科、カエデ科、ニレ科、サクラ属、エゴノキ属などの落葉広葉樹とマツ属、モミ属、トウヒ属、ツガ属、ヒノキ科などの針葉樹が生えていたことがわかってきた。

埼玉県の川越市を流れる入間川でも、1991年の台風19号による増水で、約150万年前の地層からアケボノゾウのものと思われる足跡化石が発見された。そのすぐ近くには、植物があまり分解しないで残っている亜炭層が見られたが、ここからは、メタセコイア、オオバラモミなどの針葉樹とオオバタグルミ、シキシマサワグルミ、ハンノキ、ヒメシャラなどの広葉樹、カヤツリグサなどの草本類が見つかっている。

同時に花粉化石も調べられ、針葉樹ではトウヒ属、スギ属、メタセコイア属やスイショウ属が多く見つかったほか、マツ属やツガ属、イヌカラマツ属も見つかった。広葉樹ではクルミ属、サワグルミ属、ブナ属、コナラ亜属、ニレ属、ケヤキ属、ツゲ属、ときにはハンノキ属が多く見つかった。草本では、イネ科、カヤツリグサ科が多くみつかった。

これらの葉や球果などの植物化石と花粉化石をあわせて見ると、周辺には多賀と同様に針葉樹と広葉樹の混じった森があることがわかる。種類がわかった植物のほとんどが現在の冷温帯に生息する植物で、暖温帯以南にしか分布するものはないことから、当時は冷温帯南部の気候で現在よりやや冷涼であったと推定された。

また、大阪府富田林《とんだばやし》市では、1989年に市を南北に流れる石川《いし》の河床から発見されたゾウ類の足跡化石をきっかけとして1993年まで継続的に総合的な調査が行われた。この調査は、富田林高校の理化部が1988年に滋賀県野洲川で発見された足跡化石の見学にいったおりに、環境の似ている石川の河床でも足跡化石があるのではないかと研究者の人から指摘を受けたことから始まった。足跡化石としては、アケボノゾウ、シカマシフゾウ、カズサジカ、その他鳥類のものと推定されるものが発見された。その足跡のついていた地層は、約100万年前のものである。調査地域では、やや時間的な幅があり、大阪層群で見られる温暖期に作られた海成粘土層のMa1からMa3の時代であったことから、調査地域に海がせまった時期には、植生にも影響を与えたと思われる。しかし、全体としては、メタセコイア属、トウヒ属が減少し、マツ属、スギ属、ブナ属が増加していくような気候であったことが示され、やはりここでも針葉樹と広葉樹の混じった冷温帯の森が広がっていたことが推定された。

こうしたことからアケボノゾウは前の時代に生息していたミエゾウとは異なり、やや温暖な時期を挟みながらもどちらかというと今よりも少し冷涼な気候の中でも生活していたようだ。

多賀の植物化石
（山川千代美氏写真提供）

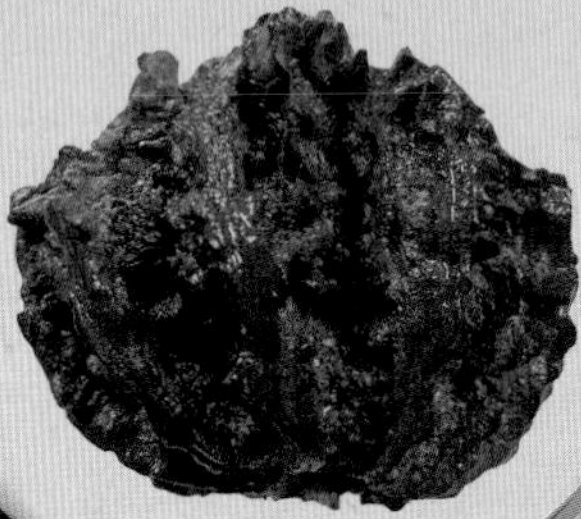

オオバタグルミ

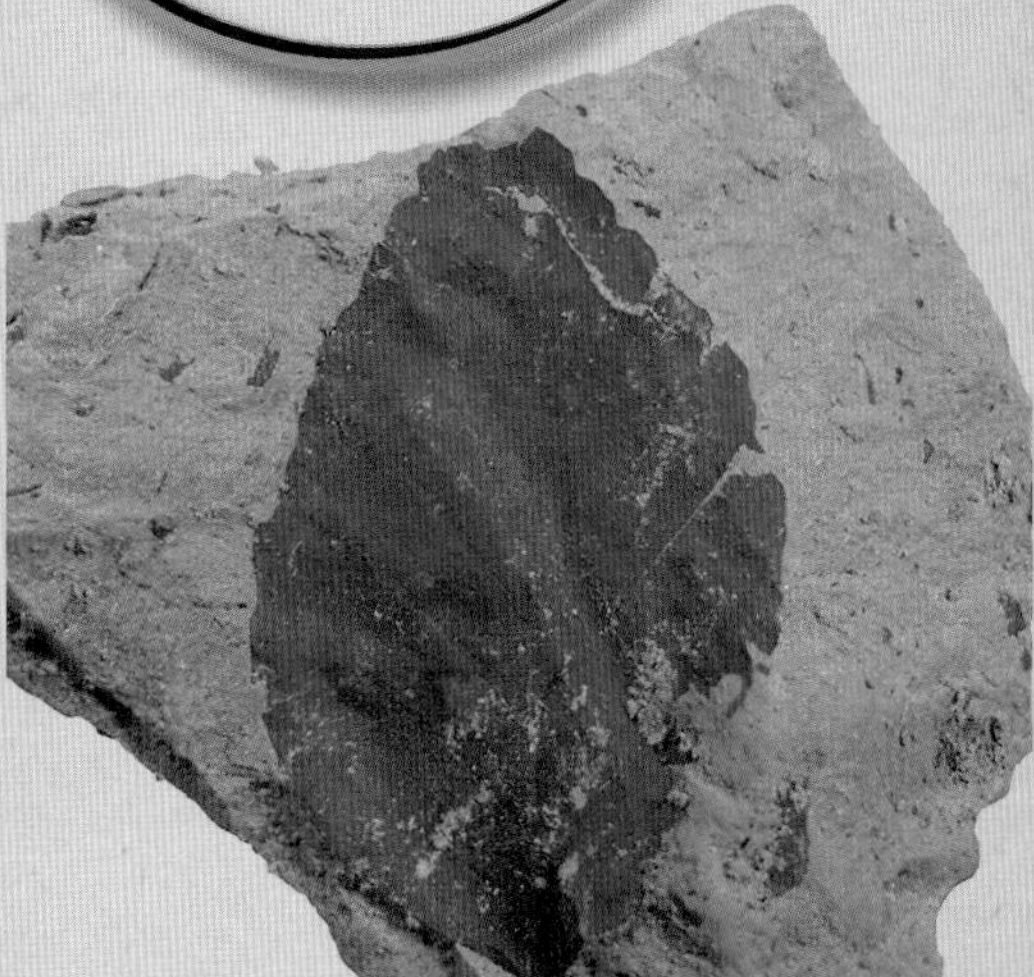

ブナ

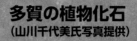

ヒシ

スイショウ

トウヒ属

トガサワラ

メタセコイア

13 アケボノゾウといたシカ

より寒冷な気候となった２５０万年以降、日本から発見されている陸上動物化石の代表は、アケボノゾウ以外ではシフゾウがある。シフゾウというのは、ゾウという名前がついているがゾウではない。その名前は中国の伝説の霊獣につけられたもので、「ヒズメはウシに似てウシでない、頭はウマに似てウマではない、ツノはシカに似てシカでない、体はロバに似てロバでない」という妙な動物である。この名前を中国にいたシカにつけた。生きているシフゾウは１８６５年に中国北京郊外の皇帝の狩場であった南苑で飼われていたものがフランス人神父によって発見され、新種報告された。すでにこの時点で野生のシフゾウは絶滅していた。

化石では日本、中国、台湾などから報告されている。日本からはおよそ２００万年前の地層からシカマシフゾウと呼ばれる化石が発見され始める。シカマシフゾウが本当にシフゾウの仲間なのかどうか今のところ私にはわからないが、とにかくそれ以前の時代には日本にいなかったシカであることは確かである。

同様におよそ１８０万年前には、カズサジカ、ニッポンチタール、キュウシュウルサジカと呼ばれるシカ類が発見されている。これらのシカ類は、いずれもツノ先が3つに分かれる三尖《さんせん》のツノを持つシカ類であるが、いずれも分類的な位置づけがあまりはっきりとしていない。これらのうちでカズサジカは、この時代から数十万年前の地層まで比較的多く発見されている。

古琵琶湖層群では蒲生《がもう》層や堅田《かたた》層から発見されている。

三尖のツノを持つシカを調べる

数年前に千葉大学の卒論生だった薄井重雄さんの卒業論文をお世話することになった。私の手元に兵庫県明石産のカズサジカのりっぱなツノ化石があったので、その記載でもしてもらおうと思い、手始めに琵琶湖博物館の展示室にあるカズサジカのツノと比較することにした。作業を始めてまもなく、薄井さんが手に持って比較していた滋賀県多賀町産のツノ化石レプリカが私の目に飛び込んできた。そのツノの基部にはわずかに頭骨の一部が残っており、その縁の形は元の縫合《ほうごう》の形を示していた。その形が、比較している明石産のものとまったく違っていたのだ。両者は、同じように三尖のツノを持つシカにもかかわらず頭骨の縫合、それは前頭骨と頭頂骨という骨の間の縫合なのだが、その形がまったく違っていたことに私は気がついた。

私たちは、すぐに研究のテーマを変更することにした。それは、国内から産出している三尖のツノを持つシカ化石の前頭骨と頭頂骨の間の縫合の比較研究である。これまでシカ類の化石は、ツノの化石が多く発見され、その形が種ごとに特徴があることから、ツノの形を中心にして分類が行われてきた。しかし、ツノの形には変異が多く、また年齢とともに形が変化することから、しばしば分類に混乱が生じていた。私は、以前からシカ類の前頭骨と頭頂骨の間の縫合の形が、いろいろなシカで異なる事に気づいていたことから、薄井さんが手に持って化石を比較していた時もその部分に目がいっていたのだ。

現生シフゾウのツノ

左側が前方。

シカマシフゾウのツノ化石レプリカ
（多賀町立博物館所蔵）

右側が前方。このシカのツノは最初に分岐して前にのびる枝が２つに分れるのが特徴。

多賀町産のシカのツノ

（多賀町立博物館所蔵）

ツノの上半分が欠けているために、２本しか残っていない。前にのびる枝（左側）が長いのが特徴的。

カズサジカのツノ化石

（琵琶湖博物館所蔵）

現在のニホンジカでは成熟すると通常は枝が４つ見られるが、このシカでは３つしか見られない。この標本は、古琵琶湖層群堅田層から発見されたもので、アケボノゾウの時代の化石ではない。

14 アケボノゾウの時代の動物たち

私たちは、調査を続けた。日本で発見されているシカ化石のうち、三尖のツノを持つシカで、さらに前頭骨と頭頂骨の間の縫合を観察できる標本は多くはなかった。私たちは、まず、それらの標本リストを作り、保管されている場所に連絡をとって観察のお願いをした。標本は、琵琶湖博物館の他には、千葉、神奈川、山口、福岡などの博物館、大学、高校などに保管されており、その名称もニホンムカシジカ、アキヨシムカシジカ、カズサジカ、シマバラムカシジカなどの名がつけられていた。結局、比較した標本は、５種６標本となった。また私たちは、現生のニホンジカのこの縫合についても観察し、その変異の幅を同時に調べた。この研究には千葉県立中央博物館に保管されていた房総半島産のニホンジカのコレクションを使った。私たちが中央博物館で観察した頭骨の数は５４３個におよんだが、これによって同じ種の中での胎児から老齢のものに至る形の変化やオスとメスが成長にともなってどのように形が違ってくるのか、さらには雌雄や年齢がほぼ同じである個体間の変異の幅がよくわかった。

化石の観察では、ニホンムカシジカ、アキヨシムカシジカ、カズサジカ、シマバラムカシジカの縫合線は、頭骨の鼻先を下にした場合、W字形あるいは正中部がやや突き出す五角形であった。一方、多賀町産の標本はこれらとは異なり、V字形に近い縫合線であった。これを私が以前から撮りためていた世界の現生シカ頭骨の写真や新たに調べたものと比較してみた。すると、前者はサンバー、ニホンジカ、アカシカなどにみられる形態（サンバー型）で、後者はダマジカ、ルサジカ、エルドジカ、シフゾウ、ホッグジカなどに見られる形態（ルサジカ型）であることが判明した。このことから、鮮新世〜更新世における日本産の三尖の角を持つシカ類には、前頭骨と頭頂骨の間の縫合で見た場合、少なくとも2つのグループがあることがはじめて明らかとなった。

アケボノゾウの時代に日本で発見されているシカ類は、よく似たものがほぼ同じ時代の中国の山西省西候度《さんせいしょうシーフードー》、陝西省藍田《センセイしょうランティエン》、河北省泥河湾《かほくしょうニーホーワン》などの遺跡からも発見されている。この時代に中国東部から日本かけて同様なシカ類が生息していた様子が伺える。

シカ以外では、この時代にはファルコネリオオカミが東京都西部を流れる多摩川の180万年前の地層から見つかっている。この発見場所のそばからはシフゾウのツノやアケボノゾウの幼獣の頭の化石も発見されており、これらの動物たちがいっしょに生きていたことがわかる。ファルコネリオオカミは、この時代にユーラシア大陸からアフリカ大陸に広く分布していたオオカミで、中国四川省巫山《しせんしょうウーシャン》からも発見されている。やはり、これらの動物たちも日本と大陸とのつながりを示している。

この時代の動物たちは、前の時代から急速な寒冷化という大きな変化を乗り越えて生き延びてきた動物たちと、新たにこの時代になって大陸から渡ってきた温帯の森林の中で生活する動物たちで構成されており、琵琶湖誕生期のころにいた暖かい環境を好む動物たちとは大きく変わっていた。

カズサジカ
（兵庫県明石市産、滋賀県立琵琶湖博物館所蔵）

シマバラムカシジカ
（長崎県南島原市産、九州大学所蔵）

キュウシュウルサジカ
（長崎県南島原市産、九州大学所蔵）

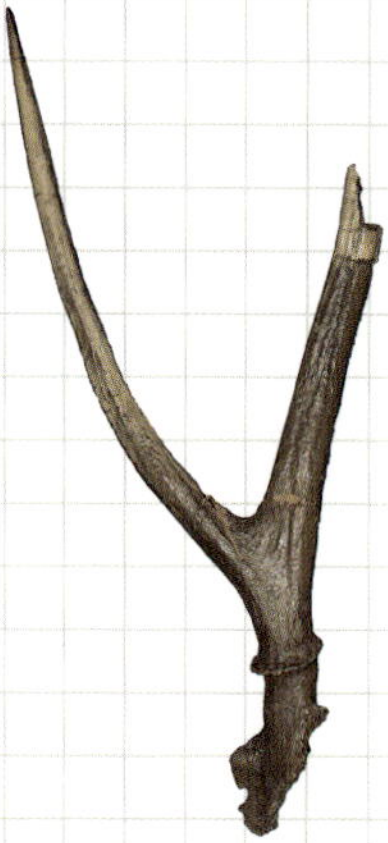

シカ科種未同定標本
（滋賀県多賀町産、多賀町立博物館所蔵）

サンバー
（大分県宇佐市産、宇佐市教育委員会所蔵）

日本産の三尖のツノを持つシカの化石

ニホンムカシジカ
（神奈川県川崎市産、かわさき宙と緑の科学館所蔵）

ニホンムカシジカ
（千葉県市原市産、千葉県立千葉南高校所蔵）

アキヨシニホンムカシジカ
（山口県美祢市産、美祢市立秋吉台科学博物館所蔵）

カズサジカ
（滋賀県大津市産、滋賀県立琵琶湖博物館所蔵）

現生ニホンジカの前頭骨と頭頂骨の間に見られる縫合の年齢変化と雌雄差

年齢が進むにしたがい雌雄ともに縫合線は複雑になる。オスではツノが発達するために、縫合の形の変化がメスよりも大きい。（薄井重雄氏原図）

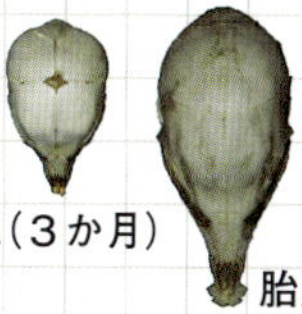

胎児（３か月）

胎児（６か月）

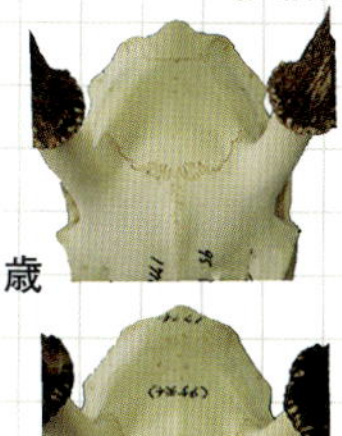

オス２歳

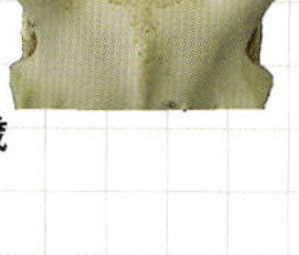

オス３歳

ニホンジカ頭骨における年齢ごとの冠状縫合形態

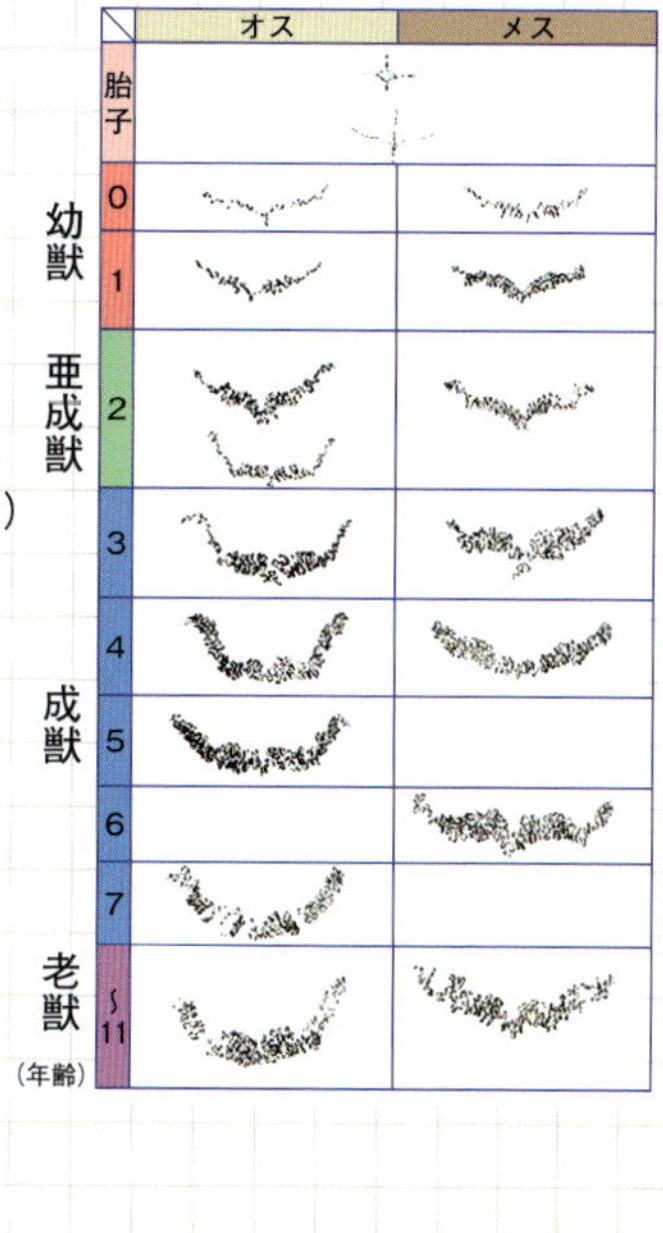

15 消えたシガゾウ

ミエゾウやアケボノゾウの化石が出るよりもまたさらに新しい時代の地層である堅田層からはシガゾウが発見されている。シガゾウの基準になる標本は、琵琶湖西部の滋賀県志賀町小野《おの》（現在大津市小野）で発見された。このため、シガゾウという名前がつけられた。実物は国立科学博物館に保管されている。

この基準になった標本以外にも堅田層からは7個の臼歯や下あごの化石が発見されているが、そのうち、発見された地層がはっきりとわかる標本は、いずれもおよそ70万年前の地層から発見されている。

シガゾウは、あの毛の長いマンモスゾウと同じ系統のゾウで、マンモスゾウよりは古い時代に生きていた。このようなゾウは古型マンモスなどと呼ばれることもあるが、シガゾウのものとよく似た形の臼歯化石は日本各地からも発見されており、このゾウもこれまでいろいろな名前で呼ばれてきた。最近になって報告された東アジアのマンモスゾウ類をまとめた論文の中では、日本から発見されているシガゾウのようなゾウをすべて、ヨーロッパや中国で発見されているトロゴンテリィゾウと同じものだとしている。この見解については、私は疑問を持っている。それというのも、日本で発見されるこのゾウは、大陸のものに比べて小型であり、臼歯を作っている咬板と呼ばれる板の数もやや少なく、その板の輪郭の形も大陸のものとは異なっているからである。私は日本から発見されるこのトロゴンテリィゾウの仲間のゾウについて、先人が呼んだ名前の1つであるムカシマンモスを使うことにしている。

マンモスゾウの系統

私たちがよく知っているマンモスゾウは、冷涼な地に生きた体に毛の生えたゾウである。多くの人は、古代に生きたゾウはすべてマンモスゾウであり、大昔に生きていたと思っている。しかし、実際のマンモスゾウは、これまで世界で発見されている180種類くらいの化石のゾウの1種類で、最も新しい時代まで生息していたゾウである。どれくらい新しいかというと、最後のマンモスゾウが絶滅したのは約4000年前で、北極圏の島で小型化した集団がわずかに生き残っていた。日本でいうと縄文時代である。

そのマンモスゾウの先祖をたどると400万~300万年前ごろにアフリカで生きていたステゴドンの前のブプラニフロンスゾウへと行きつく。400万年前といえば、ちょうど琵琶湖が誕生したころの時代である。やがて350万年前になるとマンモスゾウの祖先は、アフリカ大陸を旅立ち新しいゾウへと進化する。このゾウをルマヌスゾウという。そして最近の研究では、東アジアを舞台として約300万年前にメリディオナリスゾウが誕生し、さらに進化して約170万年前にトロゴンテリィゾウが誕生したといわれている。

シガゾウの基準として報告された臼歯化石（国立科学博物館所蔵）

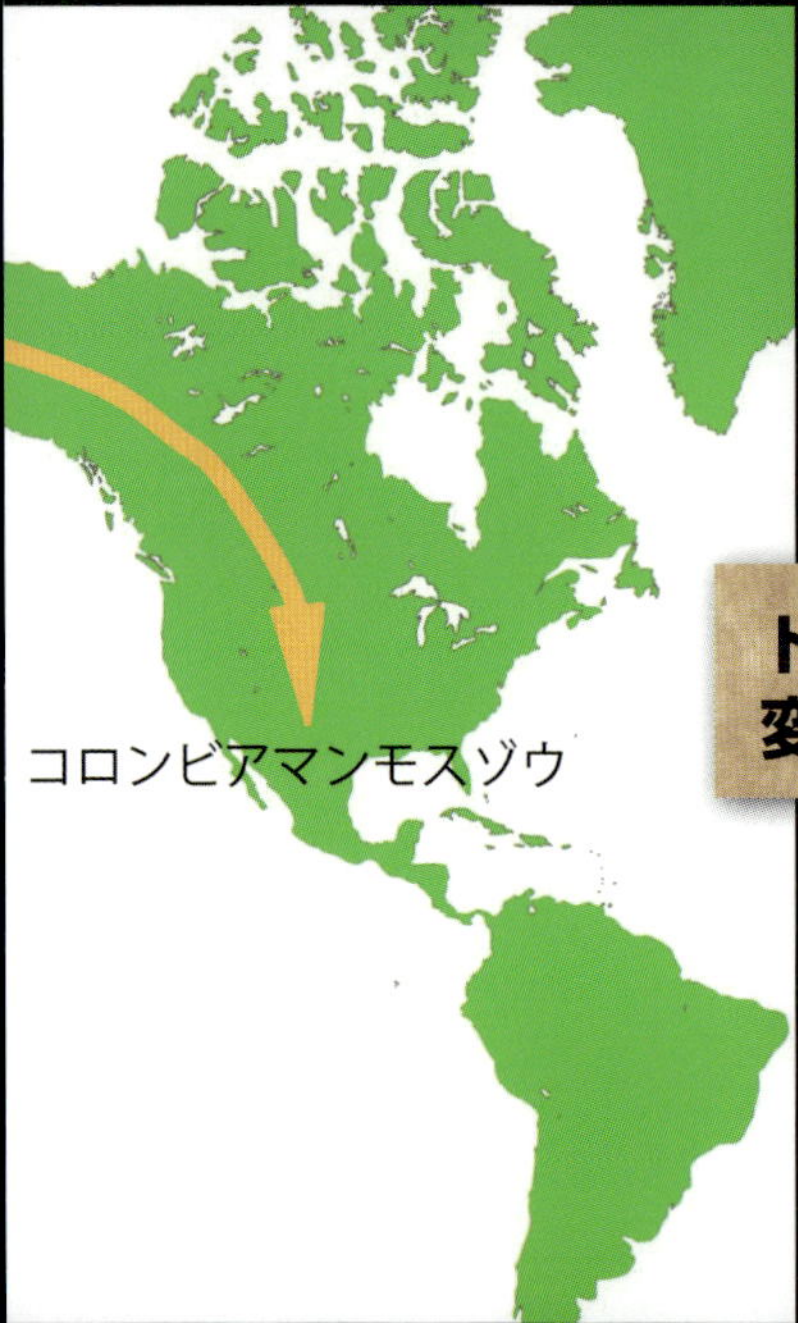

トロゴンテリィゾウの変遷

シガゾウとして
大津市立真野小学校に保管されている
下あご化石（大津市立真野小学校所蔵）

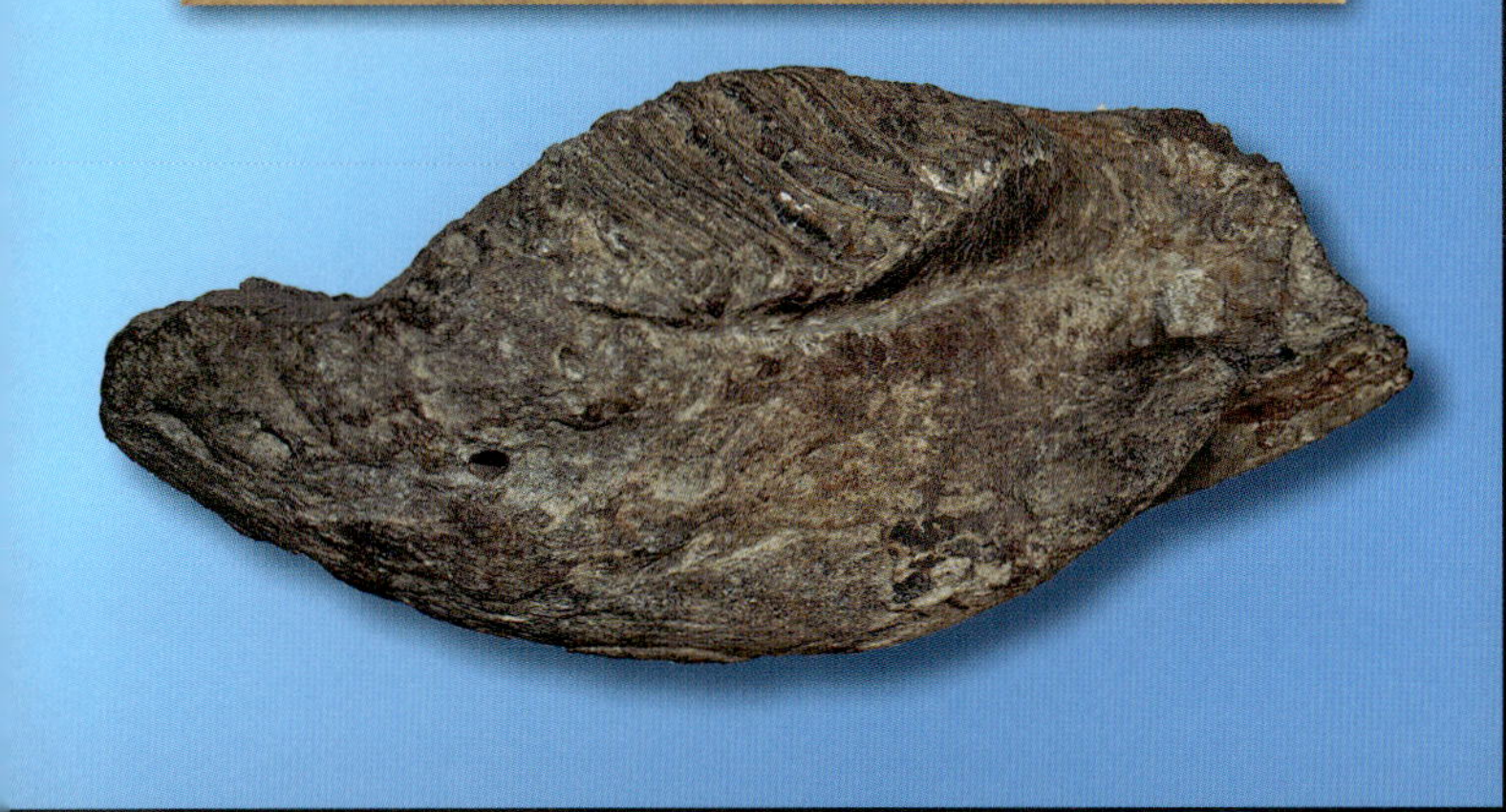

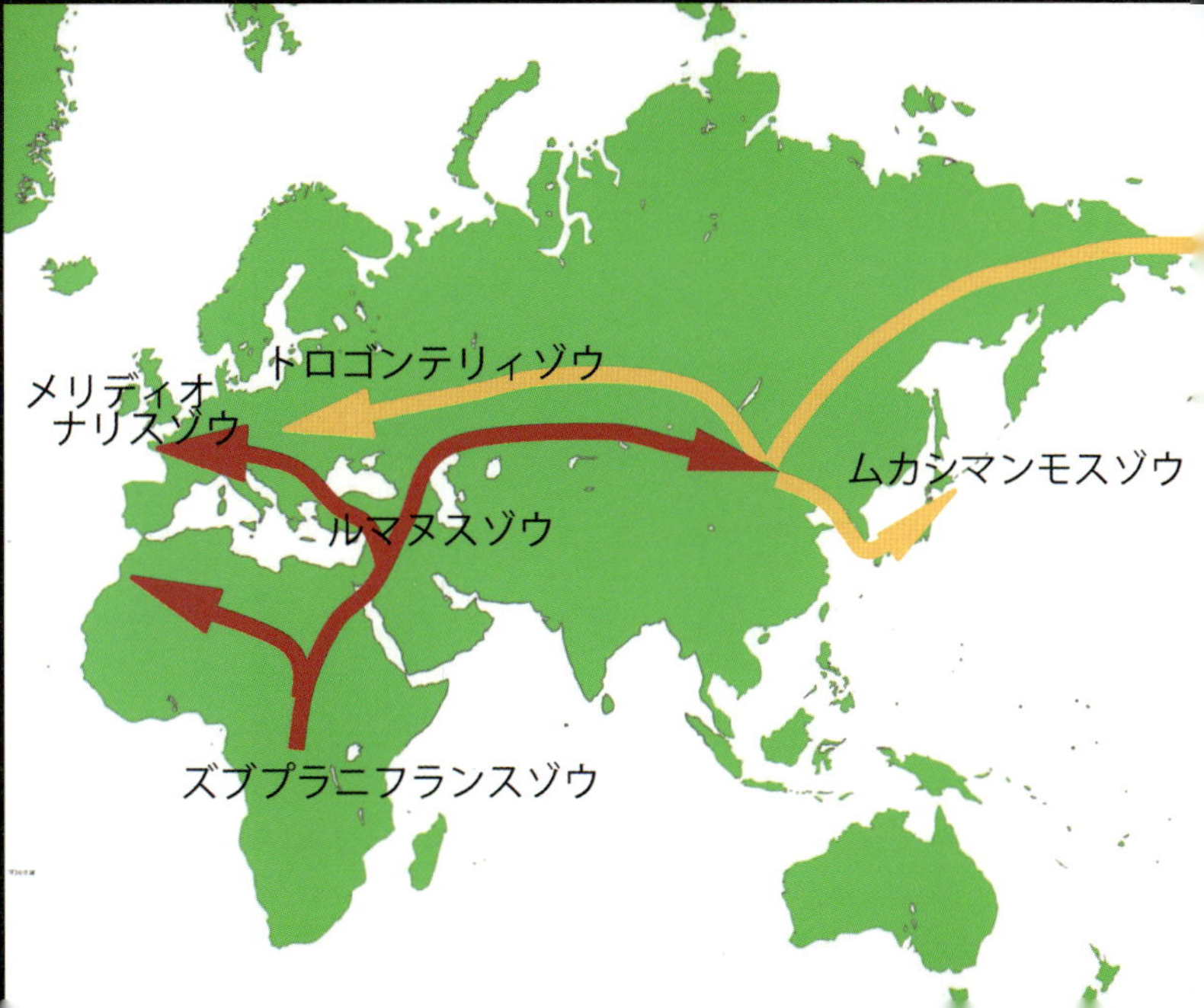

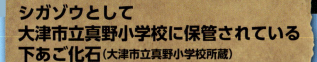

16 トロゴンテリィゾウの放散

トロゴンテリィゾウの仲間は、ユーラシア大陸や北アメリカなどで発見されている。マンモスゾウの系統の中では最も大型の種類で、肩の高さが最大4・3mにまでなったものもいた。

この種類の最も古い化石は、今のところ中国東部の河北省から発見された約170万年前のものである。北アメリカからは、コロンビアマンモスと呼ばれるトロゴンテリィゾウ段階のゾウ化石が知られているが、その最も古いものは約150万年前のものである。このことから、現在の中国で誕生したトロゴンテリィゾウは、ベーリング海峡が陸続きの時にアメリカ大陸に渡りコロンビアマンモスになったと考えられている。一方、ヨーロッパで発見されるトロゴンテリィゾウの年代は約75万年前が最も古い。約170万年前に中国で誕生したとされるトロゴンテリィゾウがユーラシア大陸を横断してヨーロッパに達するまでに随分時間がかかったことになる。ドイツからは、保存のよいたくさんの臼歯化石が発見されており、植物化石の研究から草原に生息していたと考えられている。このことは、臼歯の形からも現在のゾウ類と同様に地面にはえる草中心の食性になったことが伺える。

さらに、日本列島からは約110～70万年前の間からトロゴンテリィゾウの臼歯とよく似た臼歯が発見されている。それらの化石は、北海道から沖縄まで報告されている。その形は、先に述べたように大きさが小さく、特徴も大陸のものとは違っているので、おそらくは大陸のものが日本に渡ってきて、島に適応して変化したものと考えられる。発見される化石のほとんどが臼歯やせいぜい下あごの化石なので、体全体の様子はわかっていないが、その下あごの形をみると、やはりヨーロッパで発見されているものに比べて前後に短い形をしており、違いがあることがわかる。臼歯以外の体の化石があまり発見されていないことは世界中で共通のようで、1体分の全身復元ができるような化石は、ロシアの黒海で発見された約60万年前のオスとメスの化石や西シベリアで発見されたオスの標本があるだけのようである。

こうした大陸の種と日本の種の違いを明確にするために、私は新しい研究を始めることにした。それは、日本のムカシマンモスゾウの臼歯化石をX線CT装置を使って調べる研究である。

ゾウ化石の研究は、おもに臼歯の特徴を使って進められるが、臼歯はすり減るにしたがってかみ合わせ面で見られる特徴が変化していく。このため、同じ種類のゾウを別の種類のものとしたりするようなことがしばしば起こってきた。ムカシマンモスゾウでも同様な理由からこれまで分類的に混乱してきた。そもそも、発見されているムカシマンモスゾウの標本の数は臼歯化石が40点ほどしかなく、それらをいくらていねいに観察しても、そこから得られる情報には限りがある。

そこで、X線CT装置をつかって、表面からみることができない内部の形を観察して、1個の臼歯がすり減るにしたがってどのように形が変わるのかを詳しく調べ、大陸のトロゴンテリィゾウとどれくらい違うのかを調べることにした。

ムカシマンモスゾウの発見場所

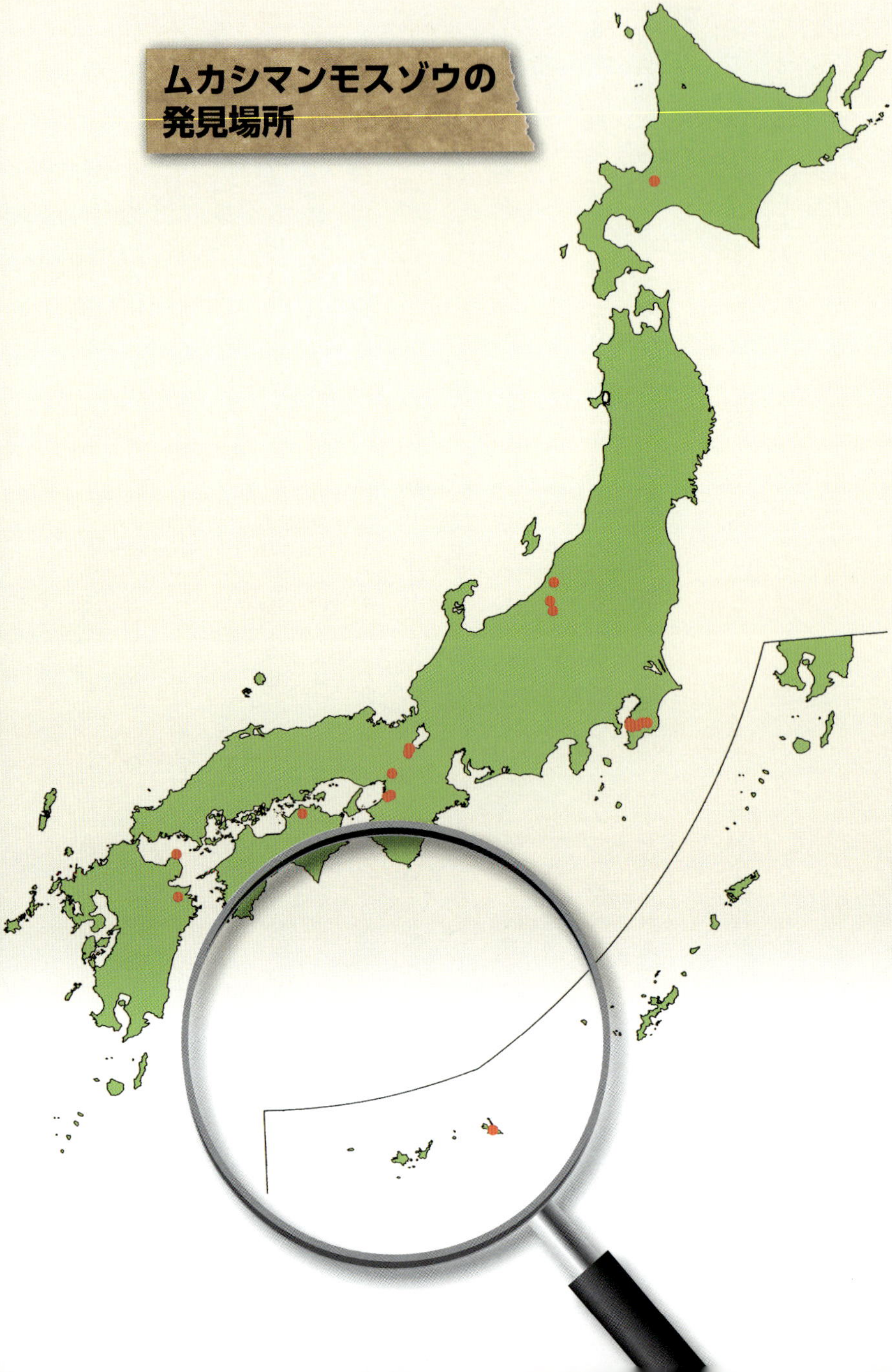

泥河湾のトロゴンテリィゾウ
（中国科学院古脊椎動物・古人類研究所所蔵）
上あごの第３大臼歯。約 75 万年前のもので、トロゴンテリィゾウの中では最も古い年代を示す。

ヨーロッパのトロゴンテリィゾウ
（フリードリッヒ・シラー大学地質科学研究所所蔵、北川博道氏写真提供）
下あごの第３大臼歯。ワイマール産。

コロンビアマンモスゾウ
（琵琶湖博物館所蔵）
上あごの第３大臼歯。アメリカ大陸に渡ったトロゴンテリィゾウの仲間。

ムカシマンモスゾウタイプ標本の写真（千葉県立中央博物館所蔵）
下あごの第３大臼歯。ムカシマンモスゾウの基準になる標本。千葉県富津市産。

17

X線CT装置を使った化石研究

X線CT装置は、病院などで見ることがあるが、病院の装置は、ドーム状部分が動きながら、その内部にあるX線の発生装置と人体を通過したX線を受ける検出器がいっしょに動くことで体を傷つけずに内部を検査することができる。共同研究者の埼玉県立自然の博物館の北川博道さんは、大学院の時代にこの装置に着目して、ゾウの臼歯化石を壊すことなく、その内部の特徴を見る仕事を行った。得られた画像は、一応は臼歯内部を観察できるものの、こまかな形を見るには十分なものではなかった。また、画像は1枚のシートの形でもらえるだけでデータとしてはもらうことができないために、見たい場所を自由に見ることができない。そこで、ムカシマンモスゾウの研究を進展させるために、病院のX線CT装置ではなく実験用の装置を使って、ゾウ化石の臼歯の内部を観察する研究を始めることにした。この研究には、X線CT技術の専門家である日立製作所中央研究所の馬場理香さんが参加してくれることになり、中央研究所のコーンビームCTという、X線を円錐状に照射して画像を撮るCT装置で実験を始めた。

研究を始める前には、ゾウの臼歯化石のきれいなCT画像は簡単に得られるものと思いこんでいた。しかし、実際に研究を初めてみるとそう簡単ではなかった。なぜならば、馬場さんの研究室にある実験用のCTは、医療用のCTを実験用にしたもので、電圧をあまり高くあげることができなかったからだ。一方、ゾウの臼歯は石のような堅さを持つエナメル質でできた板が

20枚ほども重なった構造をしているうえに、いびつな形をしていることから、研究所の実験施設にある装置では、臼歯化石の中を十分にX線が貫通できないことがたびたび起こった。それでも、様々な工夫をしながら、私たちは臼歯の内部構造の観察を続けた。最近では、さらによりよい画像を得るために、東京都立産業技術研究センターのX線CT装置で観察を行っている。この装置では、馬場さんの研究室の装置より強いエネルギーを出すことができるので、今では前よりもきれいな画像を得られる頻度が増した。それでも、化石によっては、欲しい画像が得られないこともしばしば起こる。標本は、日本全国にあるムカシマンモスの化石を一つずつ借りながら撮影を続けている。遠くから借りてきた化石は、たった一度の撮影チャンスしかないのが普通だ。できる限りの工夫をしてなんとかよい画像を得ようと毎回必死で撮影に臨んでいる。

こうして地道な努力を重ねることで、1標本ずつのCTデータが蓄積されてきた。現在のところまだ研究の半ばではあるが、やはり日本から発見されるムカシマンモスは大陸のトロゴンテリィゾウとは違っていることが明らかなようだ。マンモスゾウの権威の大英自然史博物館のアンドリュー・リスターさんもその違いに驚いている。近く、私たちは、苦労して得た日本産のムカシマンモスゾウのCTデータを基にして、ヨーロッパのトロゴンテリィゾウとの詳しい比較研究を共同研究として行う予定だ。

研究というのは、一人では決してできないものだ。多くの人の協力のもとに長い時間かかって、一歩ずつわからなかったことがわかるようになるものなのだということを改めて感じる研究である。

日立製作所中央研究所での X線CT装置による実験風景

左側にX線の発生装置、人物の右側に回転台に乗せた臼歯化石、その向こうの黒い板のようなものが、化石を透過したX線の強さを測る検出器。病院に設置されるCT装置とはずいぶん違うが、しくみは同じ。

東京都産業技術研究センターでの X線CT装置による実験風景

奥の扉のついた部屋の中にX線CT装置が置かれている。操作は、モニターを見ながら行う。

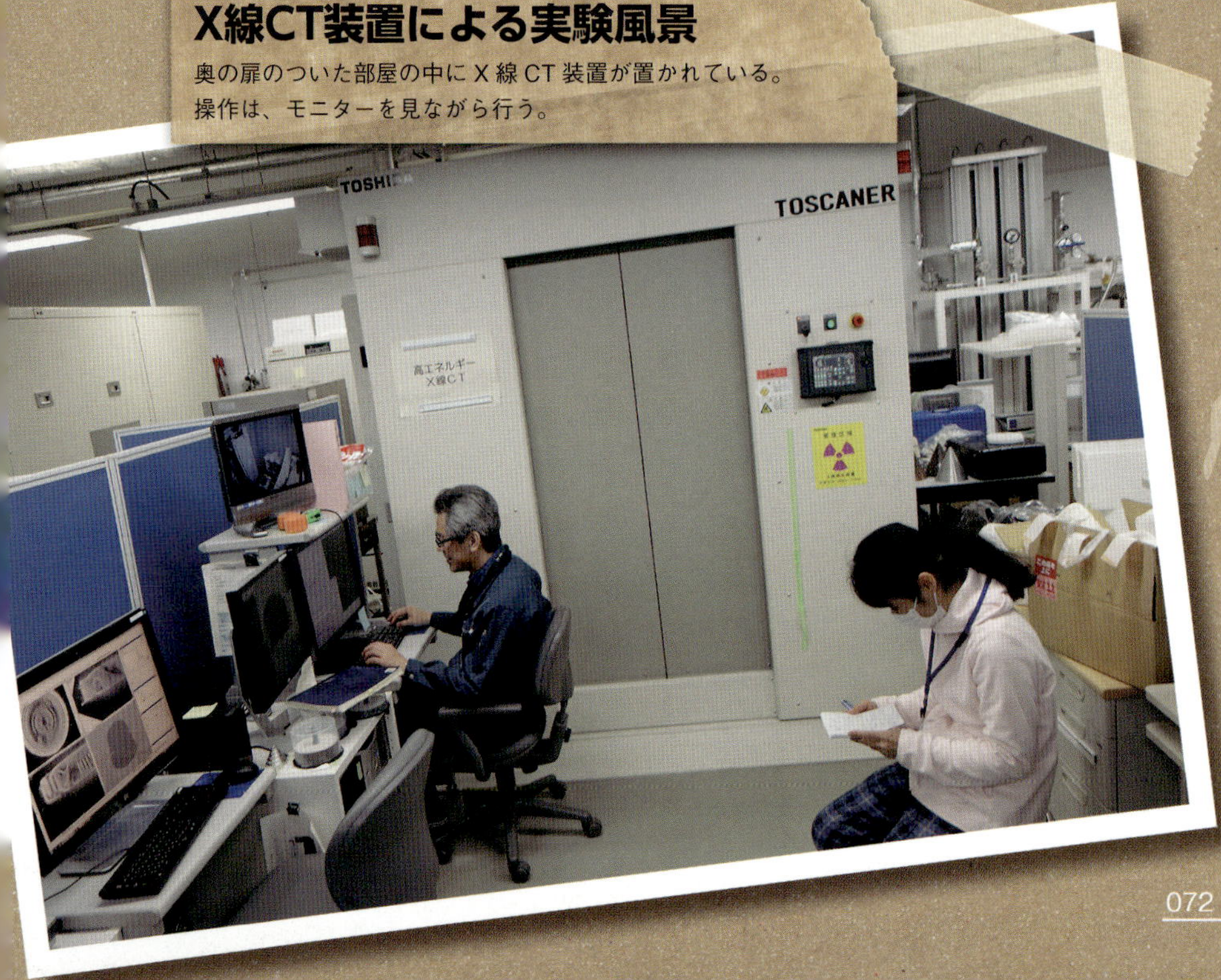

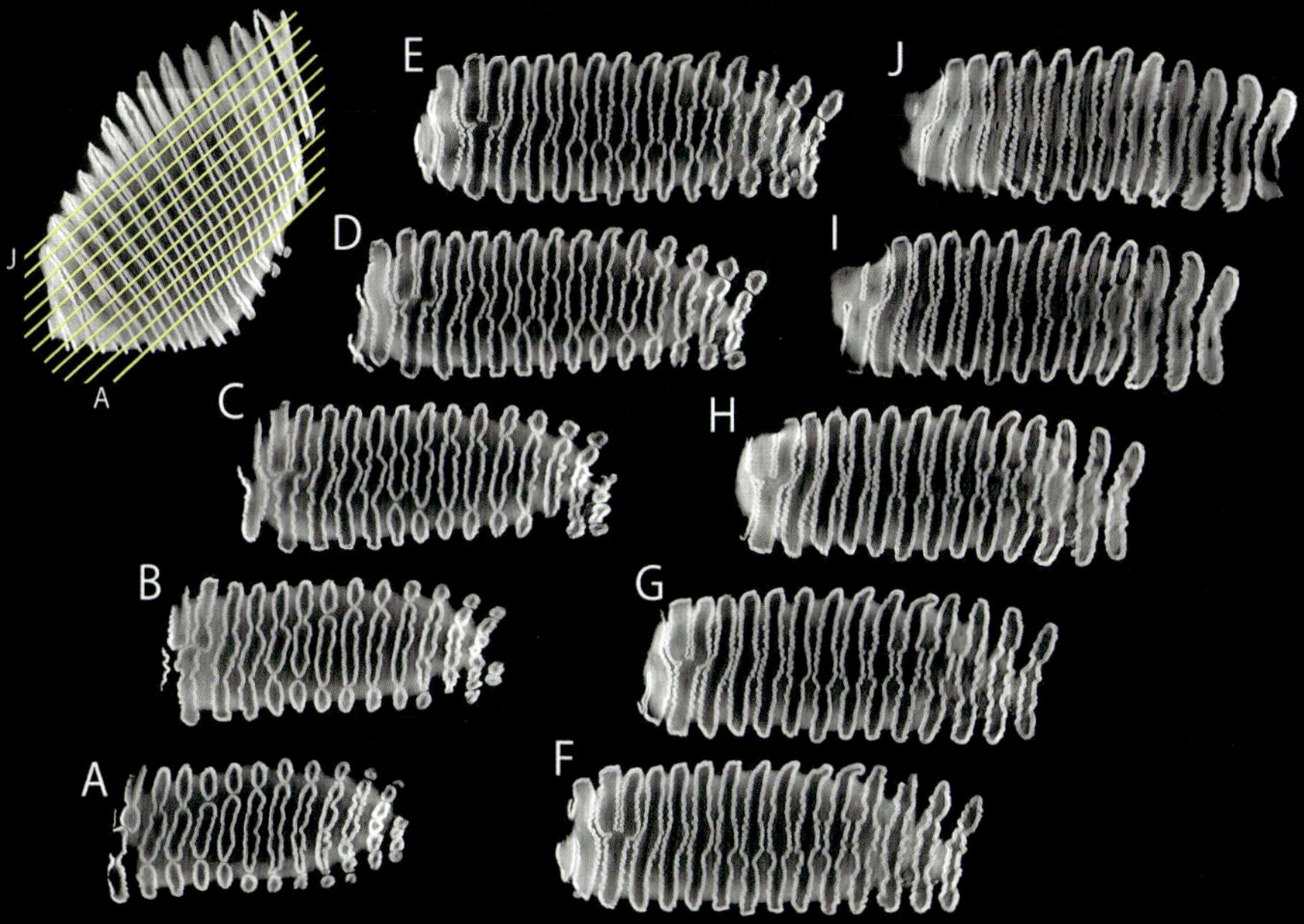

佐久市産標本のCT画像

（佐久市教育委員会所蔵）

X 線 CT 装置でえられた CT 画像。左上の画像は臼歯を横からみたもので、黄色い線は画像の切断位置を示す。A ～ J は切断した画像。下から上に行くにしたがって少しずつ、白くみえるエナメル質の輪の形が変化する。

18 龍骨の発見

シガゾウが発見される堅田層からはもうひとつ別の種類のゾウ化石が発見される。トウヨウゾウと呼ばれるゾウである。同じ堅田層といってもトウヨウゾウの方がシガゾウよりもやや新しい時代から発見されている。

トウヨウゾウの基準となる標本は「龍骨」として中国の漢方薬店で発見されたものだが、滋賀県で発見されたトウヨウゾウの化石もそれが発見された江戸時代には龍骨として騒がれている。

1804年のことである。近江国滋賀郡南庄（現大津市伊香立南庄《いかだちみなみしょう》町）西方の小さな丘を開墾していた市郎兵衛《いちろべえ》さんは2m以上掘り下げたところで貝の化石とともに不思議なものを見つけた。それはけものの骨のようなものだったので、軒下に積んでおいたところ大勢の人が見に来るようになり、とうとう膳所《ぜぜ》藩主の本多康完《ほんだやすさだ》公に献上されることになった。調べてみると、この獣骨のようなものは「龍骨」だということになった。龍骨の発見は、中国の故事に従えば大変めでたいことであるとされていることから、市郎兵衛さんには褒美《ほうび》として「龍」という姓が与えられ、発見した場所の租税を免除された。また、発見した場所は「龍ヶ谷」と改称し、「伏《ふく》龍祠《りゅうし》」という祠《ほこら》が建てられた。これらのことは、当時の有名な儒学者である皆川淇園《みながわきえん》により「龍骨之図」序文に書かれている。また、発見された龍骨の絵は画家の円山応挙《まるやまおうきょ》の門人であった植田耕夫《こうふ》によって描かれ、その絵は今も残っている。

この龍骨図に関しては、1997年に京都文化博物館で行われた特別展に関係して調査が行われ、龍骨図は全国に5点があることがわかった。それらの絵を比較したところ、耕夫以外の署名があったり、四肢骨の絵がぬけていたりしたものがあったりで、結局、原本は埼玉県の個人が所蔵しているものであり、それ以外は、複製されたものであることがわかった。琵琶湖博物館にも寄贈を受けた龍骨図のひとつが保管されている。

発見された龍骨は、膳所藩主だった本多家から1874年に皇室に献上された。その翌年に日本に招かれたドイツ人の地質学者エドムント・ナウマン博士は、この化石を研究し、1881年にドイツの古生物学の雑誌にステゴドン・インシグニスというゾウとして報告している。

ナウマン博士は、後に述べるナウマンゾウにその名をのこしているドイツ人の研究者である。明治時代の初期に、日本の近代化のために政府から呼ばれ、日本初の本格的な地質図の作成やフォッサマグナの発見などを行ったほか、日本のゾウ化石研究も滞在中に行っている。

ナウマン博士が南庄の化石の名前として使ったステゴドン・インシグニスは、インド北部で知られているステゴドンゾウの仲間である。後に、この名前は適切ではないことがわかり、南庄から発見されたゾウ化石は、現在ではトウヨウゾウ（学名はステゴドン・オリエンタリス）だということがわかっている。実物の化石は、国立科学博物館に保管されている。

龍骨図（琵琶湖博物館所蔵）

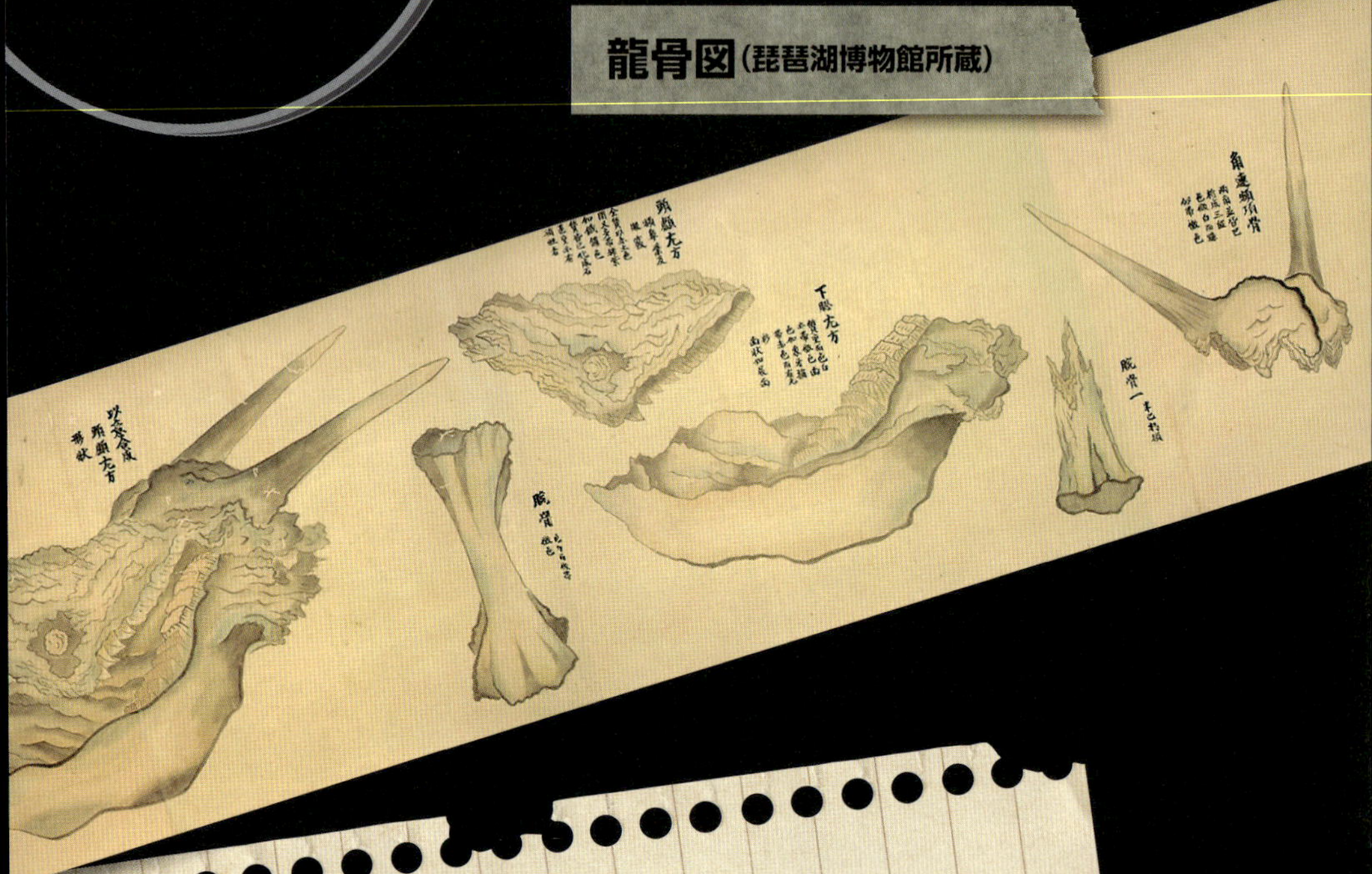

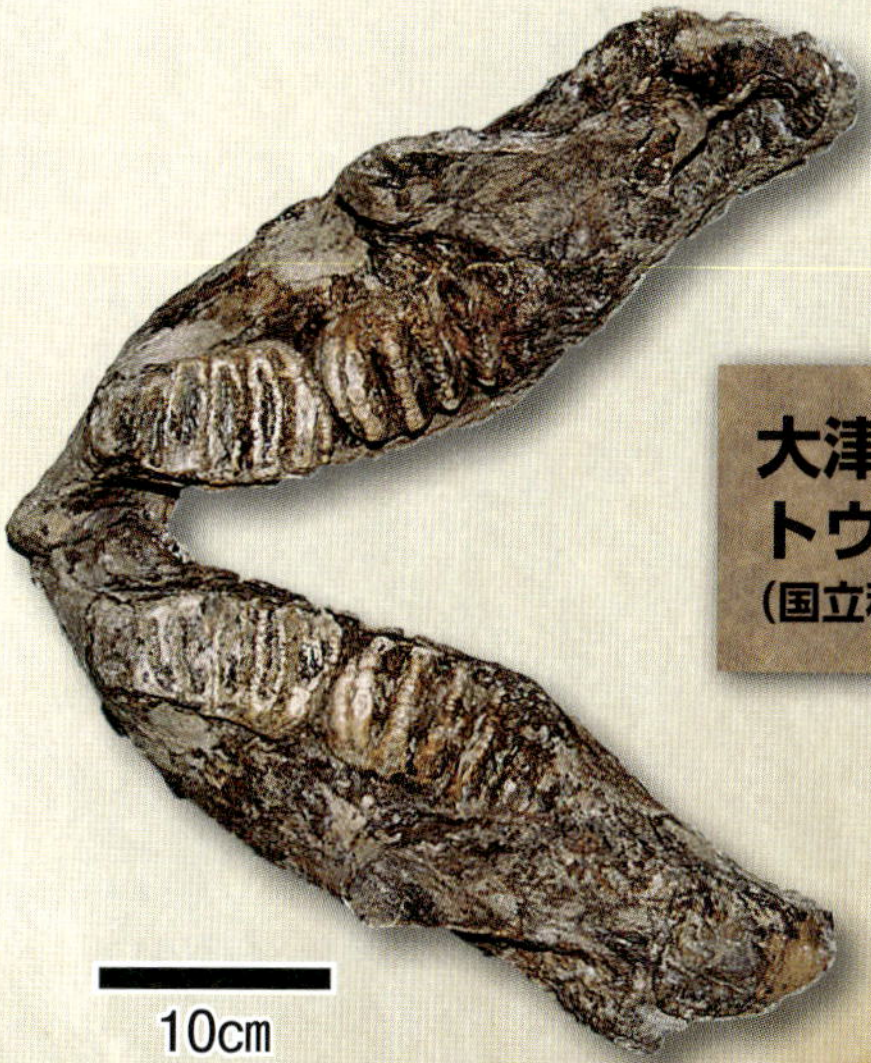

大津市伊香立南庄町の
トウヨウゾウ下あご化石
（国立科学博物館所蔵）

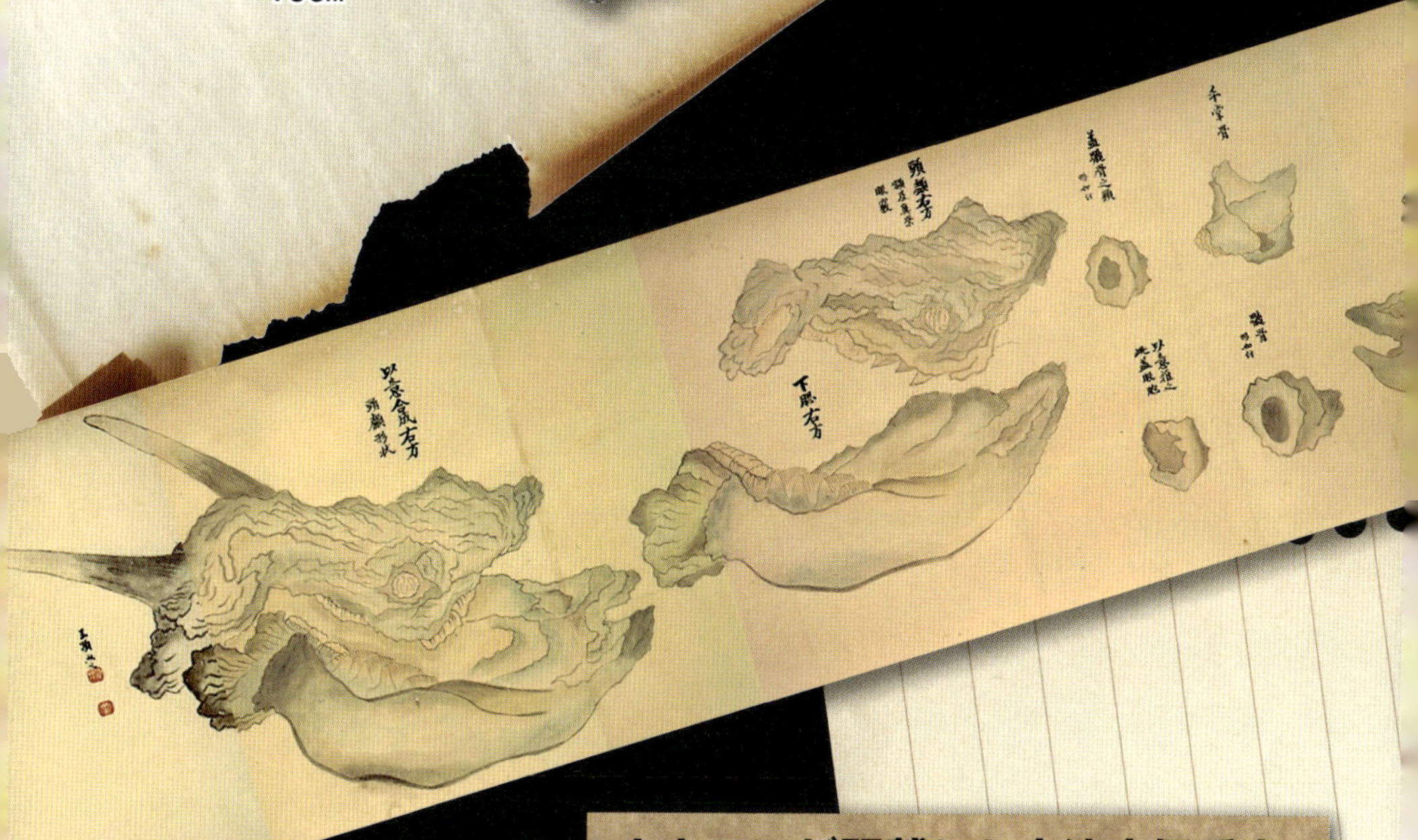

ナウマンが記載した大津市伊香立
南庄町のトウヨウゾウの図
左：下あご（上面）、右上：上あご（側面）
右下：上あごの臼歯（かみ合わせ面）
（Naumann,E.,1881より引用）

19

日本で進化したトウヨウゾウ

トウヨウゾウは、国内では岩手県南部を北限として、九州の宮崎県まで化石が発見されている。特に瀬戸内海からは多くの化石が発見されている。時代的には、近畿地方などから発見されたトウヨウゾウ化石の層準を年代の知られている火山灰や大阪層群の中にある周期的な海面変動でできた粘土《ねんど》層（海成粘土層）などと対比することで、約62～57万年前のものと見なされている。

この時期の化石としては、トウヨウゾウと共にトラ、スイギュウ、サイあるいはワニなども発見されており、現在の東南アジアに生息しているような動物たちがいたようだ。当時の気温を推定することができる海洋酸素同位体比曲線（17ページを参照）を見ると、一応は温暖な時期にはあたっているが、他の温暖な時期と比較して極端に暖かい時代ともいえない。むしろこの時代の特徴としては、温暖な時期が数万年間続いたことにあるようだ。

こうした動物たちは、現在の中国南部から渡ってきたと考えられており、万県動物群あるいはステゴドン‐パンダ動物群と呼ばれてきた。トウヨウゾウの基準になった標本が中国四川省から発見されたことでもわかるように、中国の揚子江よりも南部からは、こうした動物群が多く発見されている。また、数は少ないが、トウヨウゾウは山西《さんせい》省、甘粛《かんしゅく》省、新疆《しんきょう》ウイグル自治区、河南《かなん》省などからも発見されている。

日本から発見されるトウヨウゾウは、中国のものと同じトウヨウゾウだと考えられていたが、

1990年代になって大阪市立自然史博物館の樽野博幸《たるのひろゆき》さんによって、臼歯のうね（稜）の数が大陸のものに比べて少ないということから、別種または別亜種になる可能性が指摘された。やはり、このゾウも大陸から日本に渡ってきて、日本固有の形態になっていったようだ。

今も残る龍骨の発見場所

龍骨が発見された大津市伊香立南庄町の田園には、今でも祠が残っている。しかし、その周辺は、近年におこなわれた圃場《ほじょう》整備のために、階段状の平らな地形となり、当時の様子をしのぶことはできないのが残念である。

さらに、この祠の少し北側に露出する古琵琶湖層群堅田層からは、1997年にトリの足跡化石が発見されており、その場所には木碑が立てられた。しかしながら、こちらも発見された崖面はイノシシに荒らされている上に、その前面には田んぼにイノシシやシカが入ってこないようにするためのフェンスが作られていて、崖面にさわることもできない状態になっている。さらに、木碑には「平成9年10月にこの地でツルの足跡化石が発見された」と書かれていたはずだが、その文字はまったく消えてしまっている。もう誰がみても、そこで過去に何が起こったかはわからなくなってしまっている。この龍骨やトリの足跡化石が発見された場所は、月日が人々の脳裏から記憶を消し去り、その上にまた新たな歴史を刻み続けていることを改めて感じさせる場所でもある。

伏龍骨図の中に描かれている龍骨発見場所の図（大津市歴史博物館寄託）

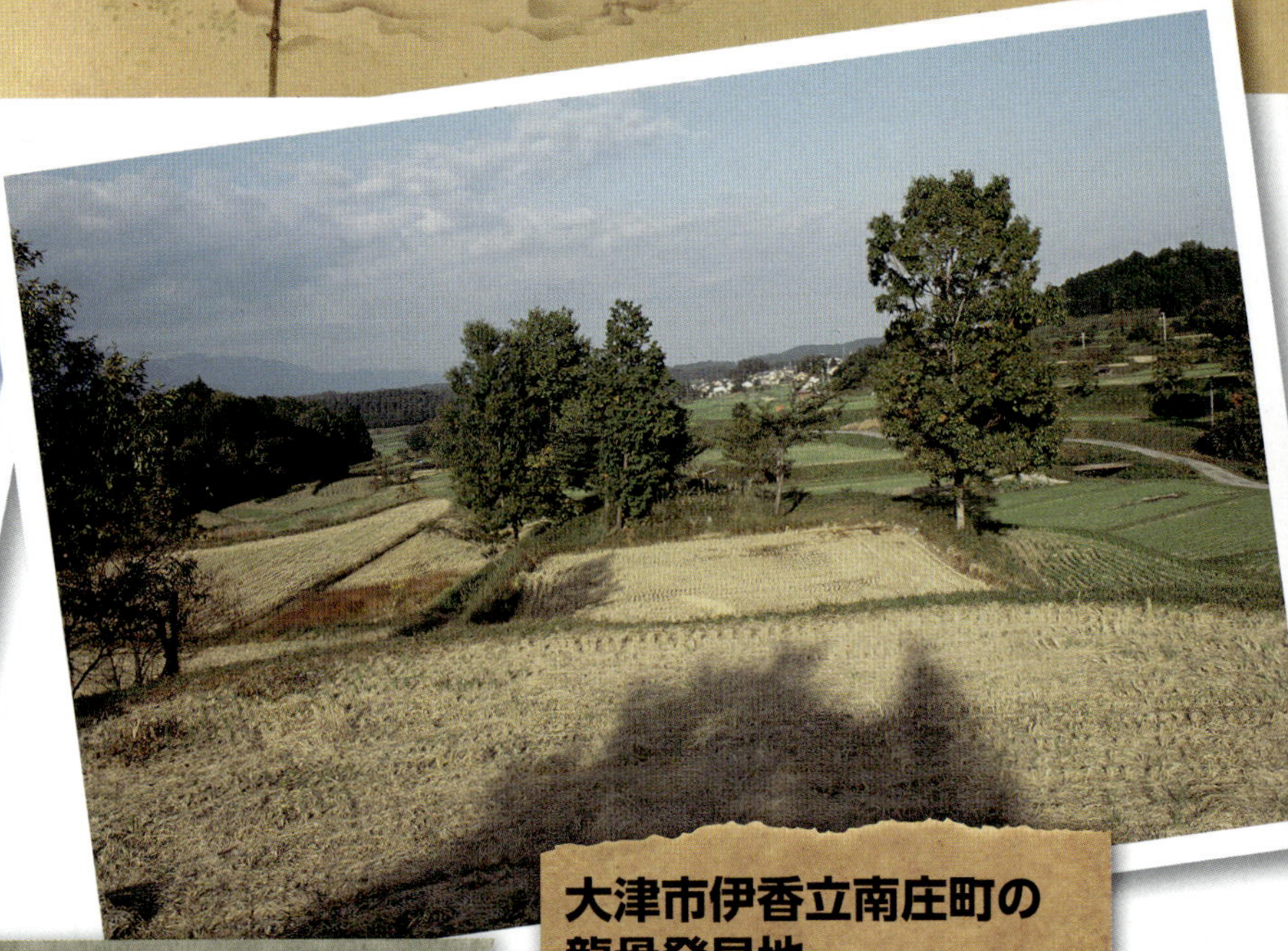

大津市伊香立南庄町の龍骨発見地

写真中央の木がかたまっているところに祠《ほこら》が建てられている（1991年11月撮影）。

2015年8月に撮影した祠と鳥居《とりい》

このときは、草が生い茂り周囲にあるはずの石碑などは見ることができなかった。周囲の田んぼは圃場整備によって平坦化している。

トウヨウゾウと同じ時代の地層（古琵琶湖層群堅田層）から発見されているウシ類の上あごと下あごの化石（京都大学所蔵）

スイギュウの骨として記載されているウシ類ではあるが、本当にスイギュウの骨かどうかは確かではない。

20
堅田のサイの足跡

２００４年12月中旬、大津市伊香立《いかだち》では、スポーツ施設をともなう公園の造成工事が行われていた。この辺りには、古琵琶湖層群堅田層が堆積した丘陵が広がっているが、この公園の造成工事によって、その丘陵の一部が大規模に削られ地層をよく観察することができた。

その場所の地質を調べていた高校教師の服部昇さんは、そこでゾウの足跡化石と思われるものを発見した。

工事はその後も続けられ服部さんも地層の観察を続けていたが、２００６年になって駐車場予定地の現場で、平坦に削られて露出していた灰色の泥の表面に、直径が約20～30㎝の円形あるいは楕円形の模様が多数あることに気づいた。これは、当時このあたりに生息していたゾウの足跡化石であると判断した服部さんは、工事現場の人に許可をもらって、顧問をしていた高校の地学部員の生徒とともに調査を行うことにした。この調査には、足跡化石を長年研究している滋賀県足跡化石研究会の岡村喜明《よしあき》さんや私も参加した。

ゾウの足跡と思われたものは、粗い砂でみたされていた。足跡の形を知るためには、その砂を取り除いて観察する必要がある。みんなで、その砂をていねいに取り除いてみると、底には予想に反して、ゾウの足跡の底とは違う3本の指の跡がついていた。岡村さんは、現生のサイの足跡も調べていたので、服部さんとともにこの３本の指の跡がついた足跡化石をサイの足跡化石だと見抜くことができた。

このようにして2日間にわたって調査を行った結果、足跡化石は調査地域で56個が確認できた。このうち保存の良い34個について、足跡内の砂を取り除いて調べたが、サイの足跡と認められるものは23個と最も多かった。そのほかにもゾウのものが2個、シカが9個確認できた。また、サイの足跡の中には、1匹がつけた6個の連続した足跡もあった。付近にある年代のわかっている火山灰層から判断して、この足跡がついた年代は約55万年前だと推定できた。骨は発見されていないが、この足跡の発見によって、この時代の琵琶湖の周りには、トウヨウゾウとともにサイも生きていたことが確実にわかった。

トウヨウゾウの時代にいたサイ

堅田から発見されたサイの足跡と同じ時代からは、日本各地からサイの化石が発見されている。しかし、それらの呼び名には2種類ある。たとえば、栃木県佐野市、山口県美祢《みね》市、福岡県北九州市からのものはニッポンサイ（学名はディケロリヌス・ニッポニクス）、大分県津久見《つくみ》市や鹿児島県姶良《あいら》市のものはチュウゴクサイ（学名リノケロス・シネンシス）とされている。ディケロリヌスはスマトラサイの仲間を示す学名で、頭には前後2本のツノを持っている。一方、リノケロスはインドサイやジャワサイの仲間を示す学名で、ツノは1本である。この時代のサイについては、十分な化石がないことから詳しいことはまだわかっていない。

古琵琶湖層群堅田層から
発見された
サイ足跡化石の産出状態
(岡村喜明氏写真提供)

連続する足跡化石も見られた。約 55 万年前のもの。

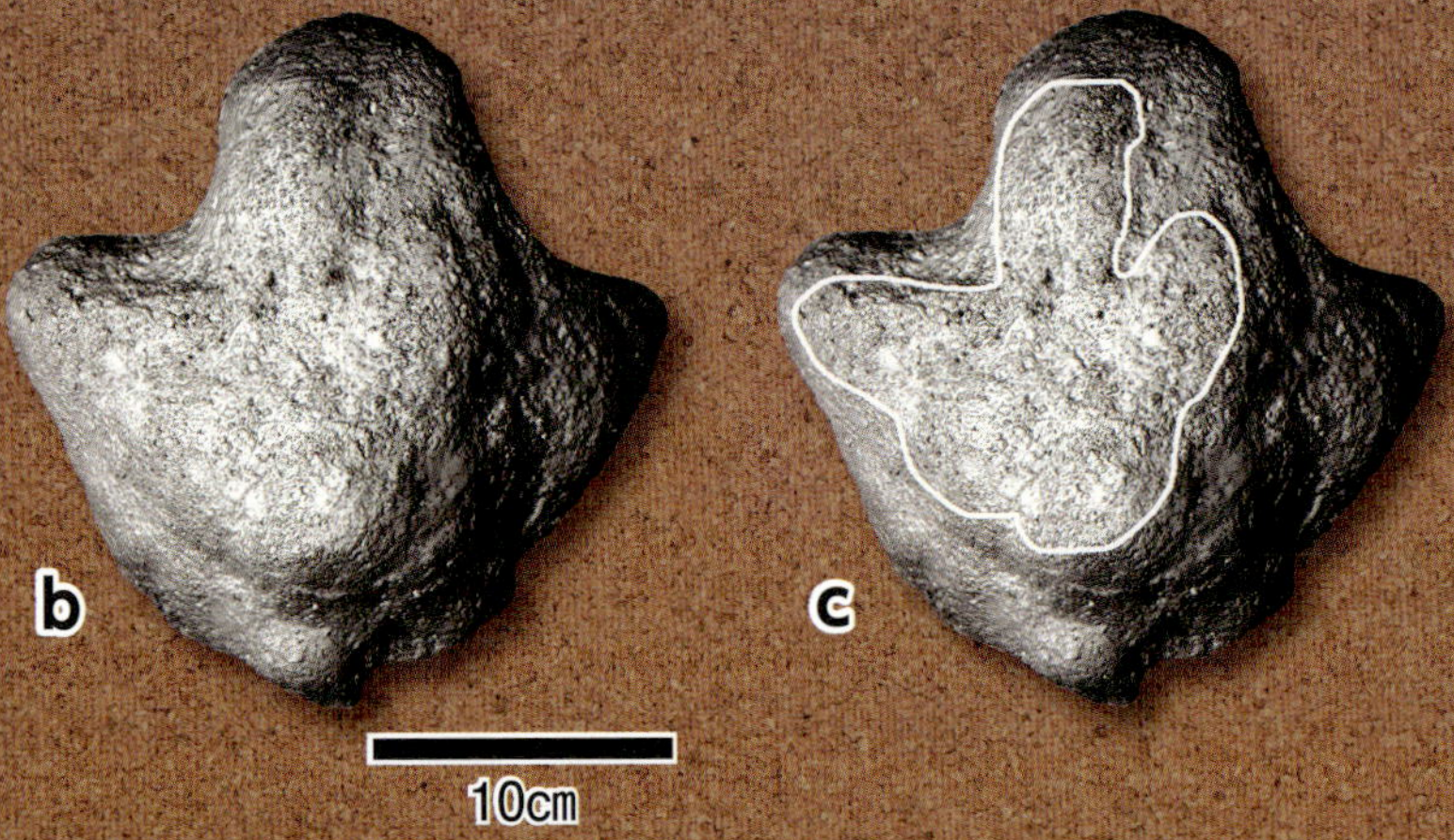

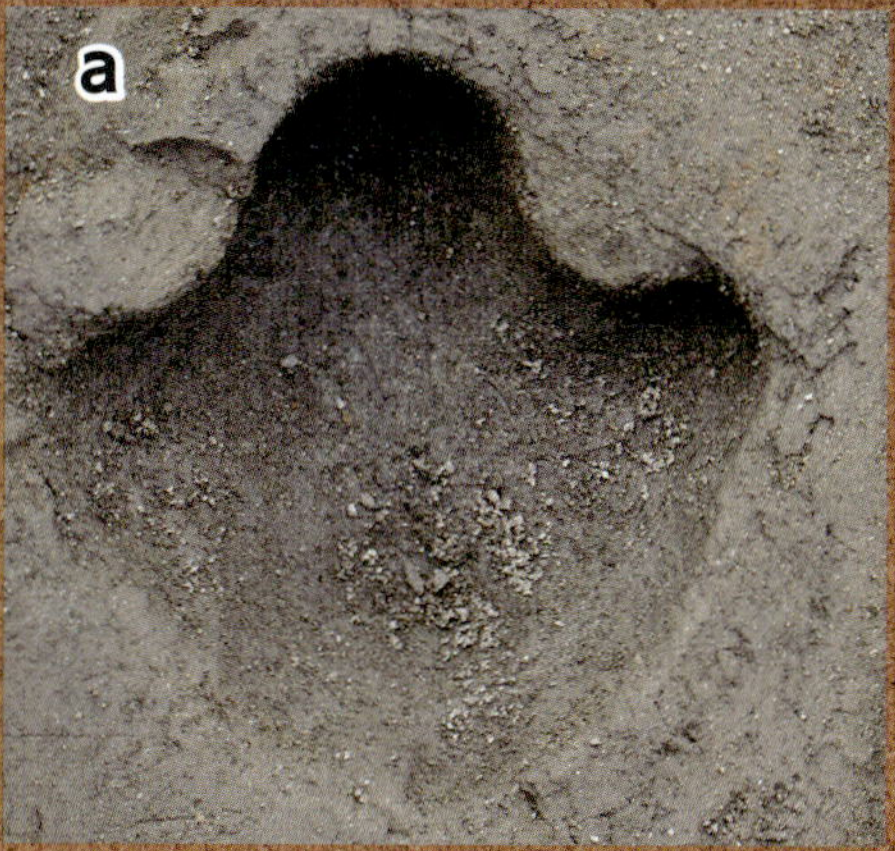

大津市堅田のサイの足跡化石(a)とその石こう凸型(b、c)

(岡村喜明氏写真提供)

この足跡は、前後のあし跡が重なっているため、cにひとつの足跡を示した。

21 巨大なマチカネワニ

先に述べたように、トウヨウゾウが日本にいたころは、温暖な気候を好む動物たちが日本に生息していた。こうした動物たちの中でも、特別なのはマチカネワニである。

マチカネワニは、1964年5月に化石好きの高校生二人によって大阪大学の豊中キャンパスの工事現場で発見された。その後の発掘によって、ほぼ1体分の化石が見つかっている。その時代は、現在の知識では約55万年前とされており、堅田のサイの足跡化石の年代と同じである。復元された大きさは、8m近くあるが、頭骨の長さを現生種（インドガビアルやイリエワニ）と比較した研究では、6・9～7・7mと考えられている。また、体重はやはり現生のワニとの比較から1・3tと推定されている。その大きさは、日本で発見されたワニとして最大であるばかりではなく、現生のワニと比べても最大級である。

マチカネワニの研究は、1965年に最初にまとめられたが、そこではクロコダイル科のマレーガビアル属の新種とされ、発見された場所の待兼山《まちかねやま》にちなんで学名をトミストマ・マチカネンシスと名付けられた。その後、1983年には再研究が行われ、このワニがマレーガビアル属のワニではなく、新属のワニであることが指摘され、学名がトヨタマヒメイア・マチカネンシスと変更された。この属名は古事記や日本書紀に出てくるワニの化身である豊玉姫《とよたまひめ》にちなんでいる。最近の北海道大学の小林快次《よしつぐ》さんらの研究では、マチカネワニがこれまで知られているどのワニとも異なり、トヨタマヒメイア属としてよいことや現生のマレーガビアルに非常に近縁な進化型のトミストマ亜科であることがわかった。

マレーガビアルは口先の細長いワニで歯が細く口の中のどの場所でもほぼ同じ形をしていて、魚食性に適応したワニである。マチカネワニはマレーガビアルほどには口先は細長くなく、歯も口の中の場所によって形が異なっていることから、魚ばかりを食べていたわけではないと考えられているが、それでもかなり口先の部分が長いことから、主には魚を食べており、そのほか鳥や小型の哺乳類なども襲っていたのではないかといわれている。

ワニ類は、大きくはクロコダイル科、アリゲーター科、インドガビアル科と3つに分けられている、そのほとんどが熱帯や亜熱帯に生息している。30℃以下の体温になると消化や感覚器官が動かなくなり、気温5℃になるとほとんどのワニが死んでしまうという。ただ、アリゲーターは5℃になっても死なないことがあるという。

マチカネワニが発見された地層からは、スギ属、マツ属、ブナ属、ケヤキ、サルスベリ属、ハス、ヒシなどの花粉化石が報告されており、それらから推定される気温は、現在とほぼ同じようであったとわかっている。このことから、マチカネワニは温帯に生息したワニであったようだ。マチカネワニに近縁なワニは、大阪府岸和田の約60万年前の地層、静岡県谷下《やげ》の約45万年前の洞窟堆積物からも発見されており、60万~45万年前の西日本にはワニがたくさんいたことがうかがえる。この時代の琵琶湖の周辺からはワニの化石はまだ発見されていないが、広い水域があったこの場所には当然大型のマチカネワニがたくさん生息していたことであろう。

マチカネワニ全身骨格復元
(レプリカ、京都市青少年科学センター所蔵)

マチカネワニ生体復元
（海洋堂古田悟郎氏制作）

22

芹川のゾウ化石群

アケボノゾウが発掘された多賀町には、芹《せり》川という川が流れている。川幅はそれほど広くはないが、その河原の石は白い色をしている。それは、上流にある石灰岩が礫《れき》となって流れてくるからだ。そんな礫に混じって、これまでナウマンゾウの臼歯化石が15点、切歯（牙）化石が2点、それに骨のかけらが1点発見されている。このように、狭い範囲からまとまってゾウの化石が発見される場所はまれである。

この河原で最初にゾウの化石が発見されたのは1916年頃のことだった。京都大学の槙山次郎さんは、これをトロゴンテリィゾウとして学界に報告をした。トロゴンテリィゾウというのは、先に書いたようにマンモスゾウの系統だ。また、別の研究者は、アジアゾウだという人もいた。私は、琵琶湖博物館の準備室に入って間もなくの1991年に、この標本を初めて見る機会があった。確かに、芹川産として並べられているナウマンゾウの臼歯化石のうち、他の標本は白い色をしているのに、この標本だけが黒っぽい色をしていて、異質な感じがした。しかし、私が観察した時にはこの標本が、ゾウの臼歯特有の板状をしている構造にそって2つに別れていたので、内部をみることができた。その内部を見ると他の標本と同じように白っぽい色をしていた。また、臼歯の形態的特徴もナウマンゾウとして特に問題となるようなものはなかった。そのことから、これ以降、私はこの標本をナウマンゾウと見なすことにした。今ではナウマンゾウということに落ち着いている。

芹川から発見されているナウマンゾウはその発見場所が、久徳《きゅうとく》橋のすぐ上流から名神高速道路の下流までのおよそ2・5㎞の範囲に限られていた。なぜ、化石が限られた場所から発見されるのかずっと謎だった。

そんな中、1993年の多賀町のアケボノゾウの発掘のきっかけを作った小早川隆さん、雨森清さん、田村幹夫さんらは、芹川の河原を調査中に河原の水ぎわに白いナウマンゾウの牙の一部を発見した。1998年11月のことである。牙のまわりにある石を取り除きながら掘り出してみると、その長さは2m10㎝もあるりっぱな牙だった。牙の化石は、河原の石の中に埋もれていたが、よく観察してみると現在の河原の表面にある石とは違って、その下にある昔の礫層の中に埋もれていることがわかった。この発見で、このあたりから発見される他のナウマンゾウ化石も、この現在の河原の下に埋もれている地層から洗い出されてきた可能性が高くなった。この牙化石が発見された場所の下流にはAT火山灰（およそ3万年前に降った火山灰）がみられ、地層の傾きの状態から判断して、化石が発見された場所はこの火山灰よりもやや古い時代の地層であることが推定できた。最初の化石が芹川から発見されてから80年以上もたってから、ようやく化石がどこからでてくるのかがわかってきたのである。

芹川と名神高速道路が交差する近くには、ナウマンゾウ化石の発見を記念して、石像が建てられているが、高速道路と一般道に挟まれた空間なので、ほとんど人目をひくことはない。

芹川から発見されたナウマンゾウ臼歯

（多賀町立博物館所蔵）

上あごの臼歯（久徳第９標本、左）と下あごの臼歯（久徳第５標本、右）いずれも側面とかみ合わせの面（細長い方）。

芹川のようす

この周辺からナウマンゾウの化石が発見された。

芹川の近くにあるナウマンゾウの石像
左側が名神高速道路。

23 ナウマンゾウ化石の年代を調べる

芹川から発見されているナウマンゾウは、いつ頃生きていたゾウなのだろうか。このことを確かめるために、私は炭素を使った年代測定法で調べてみることにした。

この方法は、化石の中にある炭素の同位体^{12}C、^{13}C、^{14}Cの比率を測定して、その割合から5万〜6万年前までの年代を測ることができる方法である。大気中には炭素が存在するが、この炭素には、中性子の数が異なる^{12}C、^{13}C、^{14}Cの同位体が一定の割合で存在する。動物や植物は、生きている時にはそれらを体内に大気中と同じ比率で取りこんでいる。しかし、死んだ後には、体内に炭素を取りこむことが止まると同時に、^{14}Cだけは放射線を出しながらチッ素に変化していく。このため、体内に取り込まれた炭素の同位体の割合をみると、時間の経過とともに^{14}Cの比率が減っていくので、どれくらい減っているかを調べれば、その生き物がいつ頃死んだものか推定することができる。ただし、この測定された年代は、大気中の^{12}C、^{13}C、^{14}Cの比率がいつも同じと仮定して割り出された値である。実際には時代ごとに比率は変化しているので、そうしたことも考慮にいれて計算したものが、較正年代《こうせいねんだい》あるいは暦年代《れきねんだい》と呼ばれる年代である。こうすることで、初めて１９５０年よりどれくらい古い年代かが示される。なぜ、１９５０年が基準になっているかといえば、この時代以降は、地球上で核実験が盛んに行われたために、大気中の炭素の比率が自然状態とは異なってしまったためである。

さて、多賀町のナウマンゾウの年代測定について話をもどそう。多賀町のナウマンゾウの年代測定については、私が試みる前にすでに名古屋大学の大学院生が久徳第14標本と呼ばれている切歯化石と同時に産出した植物片の両方の年代を測定して、修士論文としてまとめていた。しかし、この年代は公表されないままになっている。

その後、京都大学大学院生だった北川博道さんは、京都大学所蔵の臼歯化石である久徳第4標本及び第6標本について年代測定を行い、2009年に学会で発表している。その年代値は、較正年代で約3万9600年前と3万3500年前であった。このとき同時に多賀町博物館所蔵の臼歯化石久徳第13標本も年代測定を試みているが、炭素を抽出するのに必要なコラーゲンの含有量が低く、年代測定にまでいたらなかったそうだ。

私は、多賀町博物館の協力を得て、久徳第5標本と第9標本、それに田村幹夫さんが採集した久徳第15標本の採集地点のすぐ近くから産出した植物片を年代測定をする業者に依頼した。測定結果を得るまでには、1~2か月待たなくてはならない。待ち遠しい日々がすぎ、届いた結果を見てみると、2点の臼歯化石の方は、送った試料からコラーゲンが十分に得られず、年代測定することはできなかったとのことだった。一方、植物片からは十分な炭素が抽出され、暦年較正した年代で約2万7000年前という値がでた。

こうした多賀町芹川からのナウマンゾウ化石年代測定結果を見ると、それらが、おおまかにいって4万~3万年前ほど前のナウマンゾウであることを示している。近くに約3万年前に降ってきたAT火山灰があることからも大きな矛盾はないといえる。

放射性炭素^{14}Cの形成図

放射性炭素（^{14}C）は宇宙線が大気中の窒素（N）に衝突することで作られる。できた^{14}Cは、他の安定した炭素（^{12}C、^{13}C）とともに、二酸化炭素（CO_2）として植物の光合成の作用によって植物内に取りこまれる。動物はその植物を食べることなどで一定の割合の放射性炭素と安定した炭素を体内に取りこむ。死後は、放射性炭素だけが崩壊して無くなるので、年代が経つにしたがって安定した炭素の割合が増えることになる。

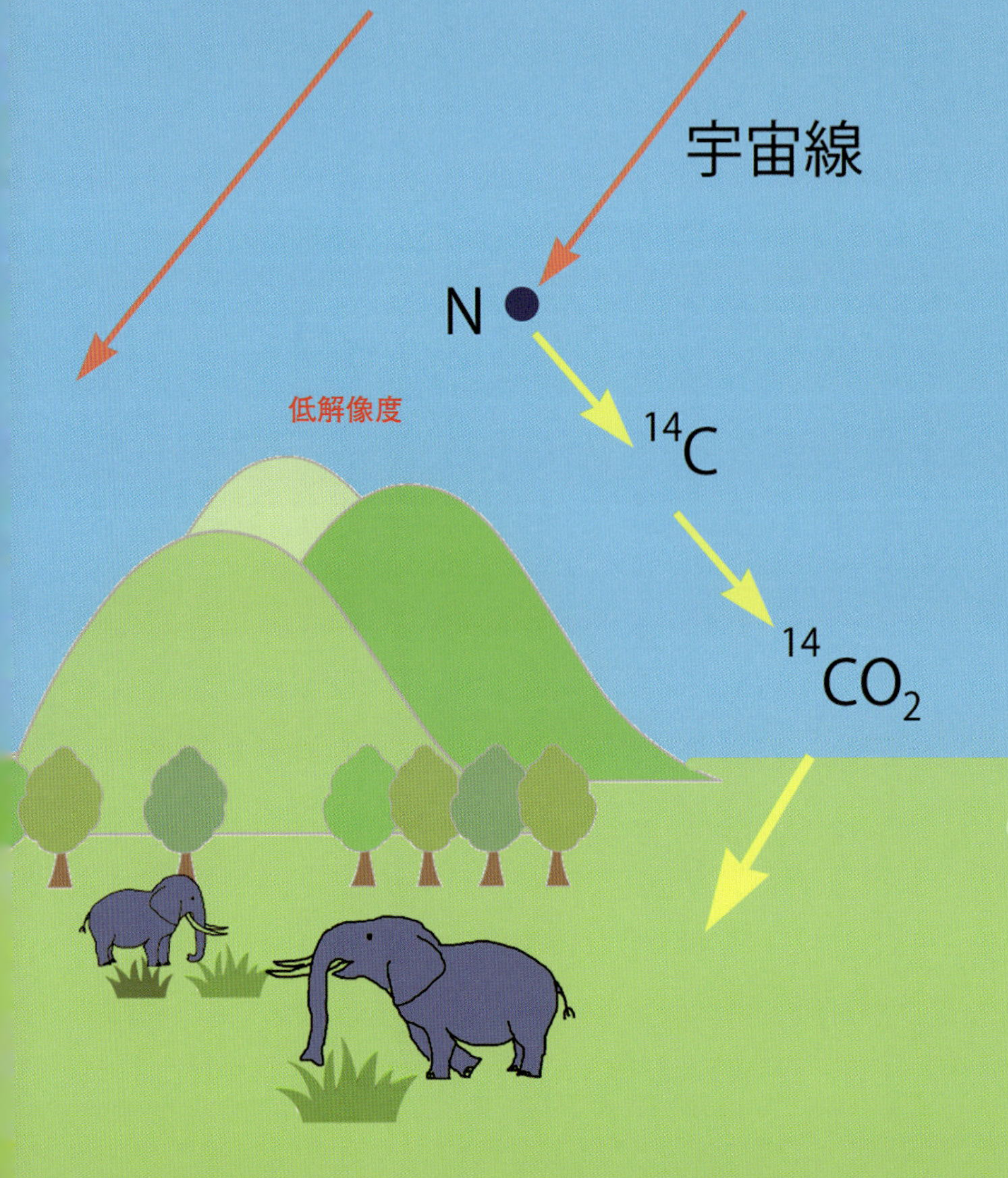

加速器質量分析計
（名古屋大学年代測定総合研究センター小田寛貴氏写真提供）

年代を推定するための炭素の同位体組成比を測る装置。白っぽいT字形の部分で試料から出たマイナスイオンを加速したり、電子をはぎとってプラスイオンにした後、電磁石により性質の異なる ^{12}C、^{13}C、^{14}C イオンの軌道を変えてその量を測定する。

24 ナウマンゾウの絶滅

ナウマンゾウは、国内では、北海道から宮崎県までの全国約200か所から発見されている。陸上だけではなく、瀬戸内海や山陰沖の海底などからも多く発見されている。それらの年代は、30万～2万7500年前（暦年較正した年代）までの間である。もっとも、渡来した時期に関しては、40万年前にあった海水面が大きく下がった時期なのではないかと考えている人もいる。

多賀町の芹川で発見されているナウマンゾウあるいはその付近で発見された植物化石の年代測定結果は、これらのナウマンゾウ化石が4万～3万年くらい前の時代のものであることを示した。この年代は、全国的に見てナウマンゾウの絶滅時期の年代である。

多賀町産のものも含めて、なぜナウマンゾウは3万年くらい前に日本から絶滅したのだろうか。実は、この3万～1万年前までの時代は、世界的に大型動物の絶滅が起こっている時期である。この絶滅の原因として、人が狩猟によって動物を絶滅に追い込んだとする過剰殺戮《さつりく》説や気候変動によって絶滅したとする環境変動説、さらに最近では隕石や彗星などの地球外の天体の衝突あるいは空中での爆発が注目されてきている。

過剰殺戮説は、アリゾナ大学のポール・マーチンのよって1958年に唱えられた。マーチンは、当時としては新しい炭素を使った年代測定を行い、化石の豊富な年代データをそろえた。彼は、炭素年代で1万1500年前（暦年較正すると1万3400年前）にカナダのエドモントンに北からやってきた最初の100人が、20年ごとに人口が倍増して、毎年10マイル（約16㎞）ずつ進み、350年後にメキシコ湾に到達したと推定した。そして、北アメリカの人口が50万人をこえた時に、そこにいた大型の獲物はほとんど殺されてしまったと考えた。

このアメリカ大陸にやってきた人々は、クローヴィス石器と呼ばれる石器を携えていたとされる。しかし、狩りに使ったはずのクローヴィスの槍先が、ゾウの骨といっしょに発見される遺跡は北アメリカには数えるほどしかない。そのうち明らかな遺跡は、マンモスゾウにクローヴィスの槍先が8本も骨に打ち込まれていたアリゾナ州のナコ遺跡だけであるといわれている。

マーチンが過剰殺戮説のために使用した年代値は、現代からみると十分な精度がないことがわかっている。彼の使ったデータを再検討した研究によれば、絶滅した多くの種は人類がアメリカ大陸に到達するより前に絶滅していたということが分かったそうだ。このことから、今では過剰殺戮説は否定されてしまった。

そもそも旧石器人がマンモスの狩りをしていたという〝マンモスハンター〟のイメージは、ウクライナのメジリクなどで発見されているマンモスゾウの骨を大量に使った住居跡などによって作られていった。ところが、同じウクライナのメジン遺跡から発見された住居のひとつに使われた骨を年代測定したところ、2万2000年から1万4000年前までの開きが認められている。また、多くの骨には肉食動物の歯形が残っており、住居に使われていたマンモスゾウが、狩猟によるものではなく、むしろ遺跡周辺にあった豊富な化石の骨を持ち込んだものであるという考え方（搬入仮説）が出されている。

ナウマンゾウの生体復元模型
（近洋二氏製作）

ナウマンゾウの発見地点

25 繰り返す気候変動と絶滅する大型獣

人による絶滅の影響が少ないとなると、気になるのは環境変動との関係である。地球は70万年くらい前から約10万年周期の大きな寒暖を繰り返している。これは、地球の公転や自転の中で起こる周期的なブレがおもな原因である。こうした気候の寒暖の変化とナウマンゾウの時代ごとの産地数を並べてみるとおもしろい結果がでる。この研究は、野尻湖ナウマンゾウ博物館の近藤洋一さんが行った。

近藤さんの研究によれば、各地で発見されているナウマンゾウのうち、最もたくさん発見されている時代は13万〜12万年前くらい前の温暖な時期である。その後、7万年前ごろに寒冷な時期が訪れるが、この時代から発見されるナウマンゾウはほとんどない。ふたたびやや温暖な時期となる5・5万〜4・5万年前ごろには、12万年前ほどではないものの、また数が増加する。ところが、3万年前ごろから再度始まる寒冷な気候は、ナウマンゾウにとって致命的であった。寒冷な時期から温暖な時期へと変化する中で、ようやく数や分布が回復傾向にあったナウマンゾウは、落葉広葉樹と常緑針葉樹が混じる冷温帯の森にすんでいた。ところが、3万年前ごろから始まる寒冷化に伴って、森の木々は徐々に亜寒帯性の針葉樹が優占していった。2万5000年前ごろの最も寒冷な時期の気温は、東京が今の北海道くらい、東北はサハリンくらいの気温であったと推定されている。ナウマンゾウの信頼できる最も新しい年代が約

2万7500年前を示しているのは、この最も寒冷な時期を迎える直前にほとんどのナウマンゾウが絶滅してしまったことを示している。

このように、寒冷な気候は温暖な気候を好む動植物を絶滅に追い込むが、その反対に、温暖な気候は逆のことを引き起こす。私は、北海道から発見されているマンモスゾウの臼歯化石を北海道の研究機関の方々に協力していただいて、可能な限り年代測定したことがある。その結果、北海道にマンモスゾウが生息していた年代は、暦年較正した年代で約4・5万〜2・3万年前であることがわかった。約2万年前にそれまでの寒冷な気候から温暖な気候へと急速に地球規模で変化する中で、北海道の森もグイマツやハイマツがまばらに生える草原から、常緑針葉樹のエゾマツ、ミズナラ、ハルニレなどの落葉広葉樹からなる森へと変化していった。北海道では、マンモスゾウが生活していた草原が消失し、彼らはすむことができなくなってしまった。この時代の後でも、さらに北の北極圏にはマンモスゾウが分布を狭めて生き残っていたが、それらも引き続く温暖化の中でついには約4000年前に北極圏に浮かぶ島に小型化して生きていたのを最後に絶滅してしまった。

3万〜1万年前の大型動物の絶滅の過程には、ヒトの影響もあったのかもしれない。しかし、現在までのところ、その事に関する確かな証拠は多くない。ただ言えることは、日本におけるナウマンゾウやマンモスゾウを含む大型動物の絶滅は、ただ一度の衝撃的な出来事で起こったものではなく、何度も訪れる気候変動によって、生息地の減少や分断を経ながら約1・5万〜1万年前の最終的な絶滅へと至ったというのが現在のところ最もありそうな話であると思える。

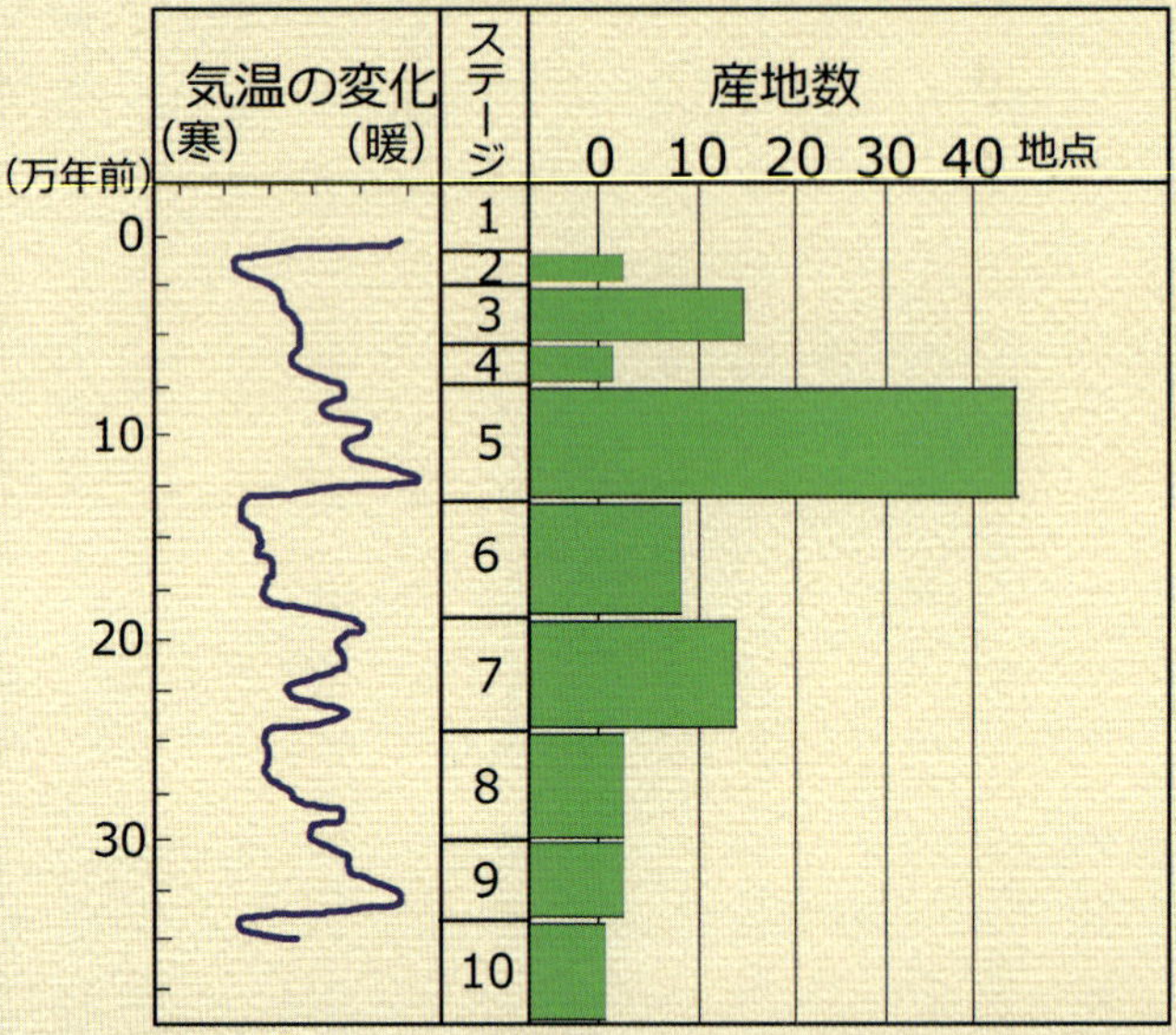

時代ごとのナウマンゾウ化石の発見地点数(近藤、2005を基に作成)

気温の最も温暖なステージ5の時代で発見される地点数が最も多い。次の寒冷なステージ4の時代では数が減少し、再びやや温暖となるステージ3の時代にはいくぶんか数が回復したように見えるが、かなり厳しい寒さの時代であるステージ2で絶滅してしまう。

ナウマンゾウとマンモスの絶滅

●：マンモスゾウ、 ●：ナウマンゾウ

５万年前以降は、基本的に北海道にはマンモスゾウを含む動物群が、また本州以南にはナウマンゾウを含む動物群が生息していた。図の下方の酸素同位体比曲線は温度の変化を示している。３万～２万年前頃には厳しい寒冷な時期があったが、この時期に入るとまもなくナウマンゾウは絶滅し、この時期が終わる頃にマンモスゾウは北海道からいなくなり北上したと考えられる。矢印はそれぞれの日本からの絶滅の時期。

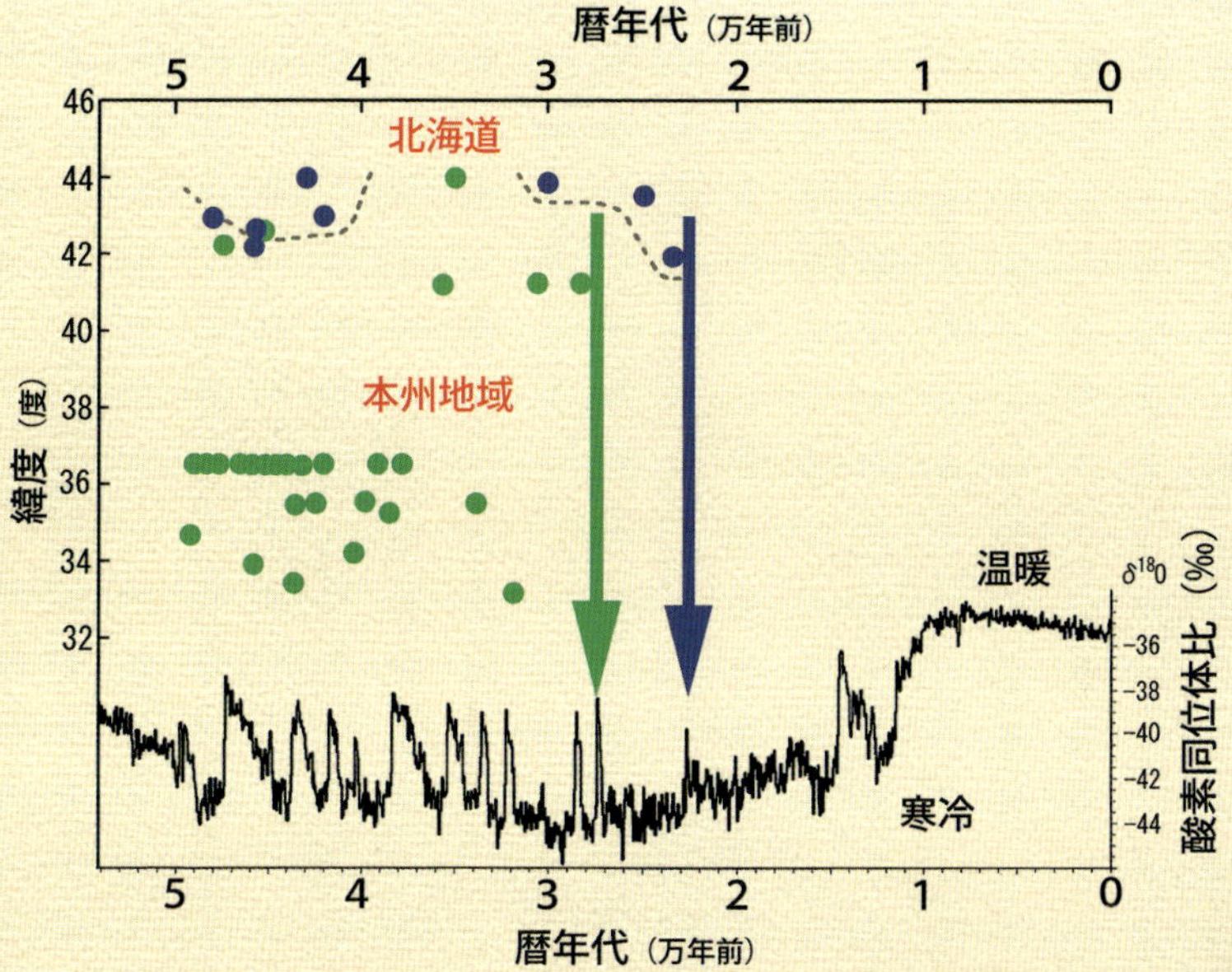

エピローグ　ゾウやワニが消えた琵琶湖

東の地平線が白み始めた。今まで、あたり一帯を覆っていた緊張が解き放たれたかのように、森のあちらこちらから急に甲高い鳥の声が聞こえ始めた。すぐそばにある湖は、輝きはじめた空の色を映して、赤味を増していく。

その湖の岸近くで、湖面を波立てながら動くのは、小型のボートだ。そこには、釣り竿を巧みに操る人影が見える。何度目かに投げ入れた竿先にあたりがあった。かなりの大物だ。グイグイと糸をひく。しばらくのやりとりのあとに上がってきたのは40cmをこえる大きなブラックバスだった。

時間がたつにつれ、湖岸をめぐる道路には、徐々に車の数も増えてくる。ジョギングをしている人や自転車で通勤する人の姿も見られる。３６０万年前に琵琶湖がまだ伊賀市にあったころ、湖のほとりで水を飲んでいたゾウの姿は、今はもちろん想像することもできない。そんな昔にさかのぼらなくても、３万年前までは琵琶湖のほとりにはゾウがいたし、琵琶湖の南端にある５０００年前の縄文時代の遺跡である粟津《あわづ》貝塚からは、たくさんのシカやイノシシの骨がでてくる。湖の近くにはそうした動物たちが多くいたのであろう。いったいいつから目の前に広がるこのような景色になったのだろうか。それはいつからというよりも絶えず移り変わっていたのかもしれない。

琵琶湖のおいたちの歴史の中で、およそ350万年前までの温暖な時期、その後の寒暖の変化を伴いながらの寒冷化し、そしておよそ70万年前からはじまる10万年周期の大きな寒暖の波。そうした中で植物や動物たちは、絶滅や進化を繰り返しながら現在の様子になっていった。これには、大陸と日本の接続状態の変化も大きく影響を及ぼしている。

現在の動植物相に至るのに最も関係した変化は、およそ3万~2万年前にあった大きな寒冷化とその後の急速な温暖化である。大きな寒冷化は、温帯の気候に生活する動植物を危機的な状態に追い込み、その後の温暖化は寒冷化に伴って北から渡来していた動植物のほとんどを日本では絶滅させた。このようにして、現在のゾウやワニがいない日本の動物相はできあがっていった。

私たちは、今、目の前にある山や湖がずっと前からそこにあるように思っているが、数百万年というスケールでみれば山も地殻変動で高くなったり、風雨にさらされて低くなったりする。満々と水をたたえて悠然とそこにある琵琶湖もまた、その水域が南から北に移り変わる。長い時間で起こるそうした大きなうねりのなかで、私たちは、ささやかな抵抗をしながら短い時間を生きているように思う。

謝辞

　本書を執筆するにあたり以下の方々にご協力いただいた。この場を借りてお礼申し上げる。

阿部勇治氏、薄井重雄氏、大島真弓氏、大塚泰介氏、岡村喜明氏、小田寛貴氏、北川博道氏、近洋二氏、小早川隆氏、近藤洋一氏、里口保文氏、外立貴宏氏、布谷知夫氏、林竜馬氏、馬場理香氏、古田悟郎氏、山川千代美氏、王元氏、大津市立真野小学校、大津市歴史博物館、京都市青少年科学センター、滋賀県立琵琶湖博物館、多賀町立博物館、東京都産業技術研究センター、日立製作所中央研究所、三重県立博物館

【参考文献】

・岡村喜明（２０００）石になった足跡―へこみの正体をあばく―。２７０pp.、サンライズ印刷出版部、彦根。
・岡村喜明（２０１６）日本の新生代からの足跡化石。琵琶湖博物館研究調査報告、29、１１２pp.、琵琶湖博物館、草津。
・里口保文・林竜馬・高橋啓一・山川千代美（２０１５）第23回企画展示解説書「琵琶湖誕生―地層にねむる７つの謎―。72pp.、滋賀県立博物館、草津。
・里口保文（２００１）琵琶湖は自然の日記帳―琵琶湖の地層に過去の環境をみる―。In 琵琶湖百科編集委員会編「知ってますかこの湖を　びわ湖を語る50章」p.19-24。サンライズ出版、彦根。
・高橋啓一（２００１）化石が語る東アジアの中の琵琶湖。In 琵琶湖百科編集委員会編「知ってますかこの湖を　びわ湖を語る50章」p.25-30。サンライズ出版、彦根。
・高橋啓一（２００８）化石は語る―ゾウ化石でたどる日本の動物相―。２２０pp.、八坂書房、東京。
・琵琶湖自然史研究会編（１９９４）自然史双書５ 琵琶湖の自然史。３４０pp.、八坂書房、東京。
・アーバンクボタ編集室（１９８８）古琵琶湖とその生物相。アーバンクボタ、37、57pp. 株式会社クボタ広告宣伝部、大阪。
・琵琶湖博物館編（２０１１）生命の湖　琵琶湖をさぐる。２１９pp.、文一総合出版、東京。
・滋賀県ほねほね化石・発見ものがたり出版グループ（２０００）博物館うらおもて　ほねほね化石・発見ものがたり―びわ湖のほとりから―。54pp.、滋賀県立琵琶湖博物館、草津。
・松岡長一郎（１９９７）近江の竜骨―湖国に象を追って―。別冊淡海文庫、６、２４９pp.、サンライズ印刷出版部、彦根。

【著者略歴】

高橋啓一（たかはし・けいいち）

滋賀県立琵琶湖博物館副館長

1957年生まれ。専門は古脊椎動物学。500万年前以降の大型哺乳動物の起源と変遷についてゾウ類とシカ類を中心に研究している。主な著書として『生命の湖　琵琶湖をさぐる（文一総合出版）』（分担執筆）、『化石から生命の謎を解く―恐竜化石から分子まで―（朝日出版）』（分担執筆）、『野と原の環境史（文一総合出版）』（分担執筆）、『化石は語る―ゾウ化石でたどる日本の動物相―（八坂書房）』、『マンモスが地球を歩いたとき（新樹社）』（訳＋解説）などがある。

琵琶湖博物館ブックレット①

ゾウがいた、
ワニもいた琵琶湖のほとり

2016年８月10日　第１版第１刷発行
2016年10月１日　第１版第２刷発行

著　者　高橋啓一

企　画　滋賀県立琵琶湖博物館
〒525-0001 滋賀県草津市下物町1091
TEL 077-568-4811　FAX 077-568-4850

デザイン　オプティムグラフィックス

発　行　サンライズ出版
〒522-0004 滋賀県彦根市鳥居本町655-1
TEL 0749-22-0627　FAX 0749-23-7720

印　刷　シナノパブリッシングプレス

ISBN978-4-88325-597-9 C0345

定価はカバーに表示してあります

琵琶湖博物館ブックレットの発刊にあたって

琵琶湖のほとりに「湖と人間」をテーマに研究する博物館が設立されてから2016年はちょうど20年という節目になります。琵琶湖博物館は、琵琶湖とその集水域である淀川流域の自然、歴史、暮らしについて理解を深め、地域の人びととともに湖と人間のあるべき共存関係の姿を追求してきました。そして琵琶湖博物館は設立の当初から住民参加を実践活動の理念としてさまざまな活動を行ってきました。この実践活動のなかに新たに「琵琶湖博物館ブックレット」発行を加えたいと思います。

20世紀後半から博物館の社会的地位と役割はそれ以前と大きく転換しました。それは新たな「知の拠点」としての博物館への転換であり、博物館は知の情報発信の重要な公共的な場であることが社会的に要請されるようになったからです。「知の拠点」としての博物館は、常に新たな研究が蓄積され、新たな発見があるわけですから、そうしたものを「琵琶湖博物館ブックレット」シリーズというかたちで社会に還元したいと考えます。琵琶湖博物館員はもとよりさまざまな形で琵琶湖博物館に関わっていただいた人びとに執筆をお願いして、市民が関心をもつであろうさまざまな分野やテーマを取りあげていきます。高度な内容のものを平明に、そしてより楽しく読めるブックレットを目指していきたいと思います。このシリーズが県民の愛読書のひとつになることを願います。

ブックレットの発行を契機として県民と琵琶湖博物館のよりよいさらに発展した交流が生まれることを期待したいと思います。

二〇一六年　七月

滋賀県立琵琶湖博物館・館長　篠原　徹